国防特色学术专著·机械工程

壁虎运动仿生的生物力学基础

戴振东　吉爱红　著

哈爾濱工業大學出版社
北京航空航天大学出版社　北京理工大学出版社
哈尔滨工程大学出版社　西北工业大学出版社

内容简介

对生物系统内在规律性的认识，是开展仿生研究的基础和出发点。本书侧重研究壁虎运动相关的生物学基础及壁虎的运动力学。壁虎的生物学基础包括壁虎的基本生物学信息、壁虎运动骨骼-肌肉系统及其与运动相关的感知和神经系统等。运动力学的研究包括运动行为和运动反力研究两个方面。为开展壁虎运动力学研究，研制了壁虎运动步态实验系统及壁虎运动接触反力测试系统。利用上述系统，研究了壁虎在水平地面、垂直墙面和天花板表面运动步态与运动反力。为具有全空间运动能力的仿壁虎机器人提供设计依据。

本书可作为运动生物力学专业用书，也可作为动物运动仿生与机器人研究参考书。

图书在版编目(CIP)数据

壁虎运动仿生的生物力学基础/戴振东著.—哈尔滨：哈尔滨工业大学出版社，2011.8

ISBN 978-7-5603-3376-2

Ⅰ.①壁… Ⅱ.①戴… Ⅲ.①仿生-生物力学 Ⅳ.①Q811.6

中国版本图书馆 CIP 数据核字(2011)第 168117 号

壁虎运动仿生的生物力学基础

戴振东 吉爱红 著

策划编辑 王桂芝

责任编辑 费佳明

*

哈尔滨工业大学出版社出版发行

哈尔滨市南岗区复华四道街 10 号(150006) 发行部电话:0451-86418760 传真:0451-86414749

http://hitpress.hit.edu.cn

哈尔滨市石桥印务有限公司 各地书店经销

*

开本:787mm×1092mm 1/16 印张:6.25 字数:155 千字

2011 年 8 月第 1 版 2011 年 8 月第 1 次印刷 印数:1 500 册

ISBN 978-7-5603-3376-2 定价:25.00 元

前　言

运动是动物的基本特征，很多陆地动物选择了腿足结构作为运动机构。这种自然演化的机构与轮式运动系统相比具有高度的环境适应性，无论是平坦的草地、陡峭的山崖、蜿蜒曲折的林中小道，还是松软的沙丘，腿足动物都具有很好的通过性和运动灵活性。腿足结构成为保障这类动物生存和种族延续的重要技能。采用腿足机构的运动系统更加适合于没有道路的环境，这使得腿足机器人在复杂环境下具有优良的运动能力。

壁虎脚底分布的数十万根刚毛使之能够产生很强的吸附力，从而使其具有其他动物所没有的“飞檐走壁”、甚至倒挂在天花板上运动的能力。近年来，关于壁虎黏附机制的研究取得了突破性的进展，并已证明范德华力是产生黏附的主要物理机制，数十万直径几百纳米至几微米，长度100多微米的多级分叉的刚毛形态是保证刚毛和基底充分接触的形态结构基础。受此启发，人们研制了各种仿壁虎刚毛结构，目前已经能够产生10倍于天然壁虎刚毛阵列的黏附力。然而仿壁虎机器人的运动能力和壁虎相比依然有很大的差距，究其原因，我们对壁虎运动中的力学规律知之甚少。而这方面还没有一本专门的著作加以论述和总结，本书的目标是通过总结近年来我们在壁虎运动的生物学基础、壁虎运动力学等方面的工作和相关的仿生研究，把我们的经验和经历展现给大家，起到抛砖引玉的作用，为仿生科学与工程研究的进一步繁荣，为我国正在开展的经济发展的转型，贡献微薄之力。

本书所包含的内容是南京航空航天大学仿生结构与材料防护研究所及其校外合作者多年相关工作的总结，是集体智慧的结晶和凝练。在此，我们深切缅怀北京大学孙久荣教授，书中的不少研究工作是在我们和孙教授跨学科的思想碰撞中进行的，特别是有关壁虎运动神经系统和环境感知的研究，是在孙教授的直接指导和参与下完成的。我的博士研究生吉爱红、张昊、李宏凯、王周义等参与了本书的部分研究工作，一些硕士研究生也协助完成了相关的实验，这里对他们一并表示感谢。

该项研究工作得到了国家自然科学基金委员会、科技部863计划和973计划、教育部博士点基金的研究经费支持，固体润滑国家重点实验室也给予了大力支持。

在这项研究上所取得的进展离不开母校南京航空航天大学在科研用房、交叉团队组建、学科建设经费等方面所给予的大力支持，使得本人所带领的研究团队成为第一批进入学科特区、专门致力于科学研究的团队。对学校给予的支持和厚爱，难以言谢，唯有努力工作、创造骄人的业绩，才能回报母校。

路漫漫其修远兮，吾将上下而求索！

南京航空航天大学
仿生结构与材料防护研究所
戴振东

2011年6月9日于南京石竹居

目　　录

第1章　概　述

1.1　仿生学与运动仿生

仿生的实质是人类向自然学习并加利用的过程。善于学习是人类的生存、进化和发展的重要特征,也是人类成为万物之灵的先决条件。因此人类进化的历史也是仿生的历史,仿生所涉及的领域也是多样的。本书主要讨论运动仿生,特别是和壁虎的运动行为相关的仿生问题。

运动是动物捕食、逃逸、生殖、繁衍等行为的基础。在约 35 亿年的进化和竞争中,许多动物发展了与其生存环境相适应的运动方式和特点。如猎豹可在短时间内加速到每小时 80 公里;猿猴具有在树上攀缘、树间跳跃的能力;如壁虎、蜘蛛、苍蝇、蝗虫等演化了能够在各种各样的表面上运动的能力[1]。

人类对生物的模仿学习伴随着整个人类文明的发展过程。目前一般以 1960 年在美国 Dayton 空军基地召开的首届仿生研讨会作为现代仿生学的诞生,不少学者把 Steel 先生提出的 Bionics 作为“仿生学”的英文。实际上,“仿生学”在国外还有 Biomimetics,Bio-inspiration 等不同的表述,其内涵也有差异,“仿生学”在德文中用 Bionik,中文常用“仿生学”。

仿生学是生命科学与工程技术学科相结合的一门交叉学科。通过学习、模仿、复制和再造生物系统的结构、功能,来改进、提高现有系统的性能或创造新的系统。以增强人类对自然的适应和改造能力, 产生巨大的社会经济效益。

仿生学涉及的学科领域十分广泛。在机械学[2,3]、材料学[4,5]、包装学[6]、交通学[7]、建筑学[8]等学科都有广泛的应用。仿生学的研究主要从形态仿生和功能仿生两个方面开展研究。具体来说,仿生学的研究主要包括以下方面:

(1)结构仿生。研究生物体的构造,设计或创造出类似生物体或类似生物体部分结构的机械装置,以通过结构的相似性达到功能的相似。

(2)信息仿生。主要包括感官仿生、细胞内和细胞间通信仿生、动物间通信仿生和智能仿生等方面。如根据昆虫复眼的结构特点研制成功的多孔径光学系统装置,易于搜索目标,已在国外一些重要武器系统中应用。

(3)控制仿生。包括生物体内稳态调控、肢体运动控制、动物的定向系统、生态的涨落等。如根据动物的神经网络分布,派生出的人工神经网络用于计算机系统的控制。

(4)化学仿生。研究生物体内的一些特殊的化学过程,如酶的催化作用、生物膜的选择性等。萤火虫可将化学能直接转变成光能,且转化效率几乎为 100%,而普通电灯的发光效率只有 6%。科学家根据萤火虫的发光原理制成的冷光源可将发光效率提高十几倍,大大节约了能量。

(5)力学仿生。主要是关于动物飞行、运动力学的研究。蜻蜓通过翅膀振动可产生不同于周围大气的局部不稳定气流,并利用气流产生的涡流来使自己上升。科学家据此原理研制成功了直升机。在通常情况下,一项特定的仿生研究可能会包括上述部分甚至全部的仿生研究,如仿生机器人的研究。

1.2 仿生机器人

仿生机器人是仿生学的最主要的应用领域之一,涉及结构、材料、功能、控制以及系统等多个方面。仿生机器人就是模仿自然界中生物的精巧结构、运动原理和行为方式等的机器人系统。国内外已经和正在研制的有仿蝴蝶[9]、苍蝇[10]等的飞行机器人;仿蛇[11,12]、六足昆虫[13](图1.1)、蜘蛛[14](图1.2)、壁虎[15]、蛙[16]等的陆上机器人;仿鱼[17~19]、螃蟹[20]、蚯蚓[21,22]等的水下或水陆两用机器人等。仿生机器人的研究主要集中在机器人的微型化、机器人仿形、生物机器人等领域[23]。

图1.1 能感知地形变化并调整步态的六足爬行机器人 Genghis[13]

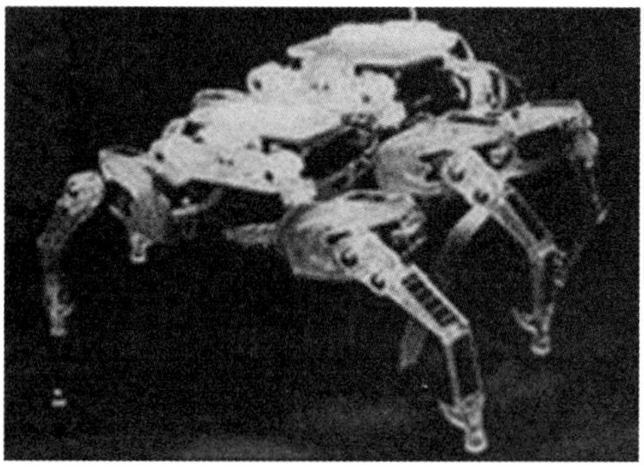

图1.2 机器蜘蛛 Spider-bot 能跨越障碍攀登岩石[14]

其中,全空间固体表面无障碍运动仿生机器人是研究/研制在非结构化、未知环境下能够实现在正、零和负表面(以地球外法线为正,对应地面、墙面和天花板)等全空间固体表面无障碍运动的(Three Dimensional-terrain Obstacle Free, TDOF)机器人。该类机器人是特种机器人的一个重要分支,代表当今世界最重要的高技术之一。它集计算机、微电子、传感、自动控制等技术为一身,已成为衡量一个国家科技水平和综合国力的重要标志[24]。TDOF 机器人在反恐、救援、首脑保卫、特种侦察等公共和国家安全领域、狭小空间检测、城市市容服务等行业具有广泛而迫切的需求[25~30],是国内外广泛关注的国家关键技术[31],属于发达国家限制出口的技术之一。

TDOF 机器人包涵两层含义:

(1)传统意义上的仿生机器人,即在机构、步态、控制、驱动、环境感知及信息融合等方面受动物运动行为的启示,设计研制的人造移动平台系统(简称仿生机器人)。

(2)在神经信息学层次上的仿生机器人,国内外有人称为生物机器人。指利用动物固有的运动、动力、感知和神经控制系统,从动物神经系统的若干环节入手,通过对动物运动神经信息(运动神经指令)的修改和干预,对其运动行为进行干预和控制而实现的自然移动平台系统(简称生物机器人)。

两类机器人包含着大量共性的基础科学问题和相似的关键技术，性能上有高度的互补性。仿生机器人可用于生物体难于存活的环境，如有毒、放射性、高低温或真空环境；生物机器人运动灵活、隐蔽性好，不存在能源问题。相对于身体尺寸而言，壁虎、蜘蛛、昆虫等动物的相对较快的运动速度、强的负载能力、高度的灵敏性，使它们成为TDOF机器人研究的理想模型。生物学家们从比较生物学的角度深入研究理解壁虎、蜘蛛、昆虫等动物的爬行基本规律，工程师们则从动物运动的过程中获得设计灵感，进一步提高TDOF机器人和其他复杂系统的性能。如美洲蟑螂(Blaberus discoidalis)(图1.3)的爬行速度为1～1.5 m/s，相当于每秒钟爬过自身身体长度50倍的距离，并且可以在不需要降低爬行速度情况下，轻松翻过相当于自身质心高度3倍的障碍物[32,33]。科学家们正在以蟑螂作为机器人的设计原型，设计了具有优越机动性能的机器人[34,35]。壁虎是能够"飞檐走壁"的动物的典型代表。在具有TDOF能力的动物中，大壁虎(Gekko gecko)(图1.4)体重最大(可达150 g，平均100 g)、运动速度最快(可达1.5 m/s)、负重能力最强(天花板上可达体重的5倍)[36]。

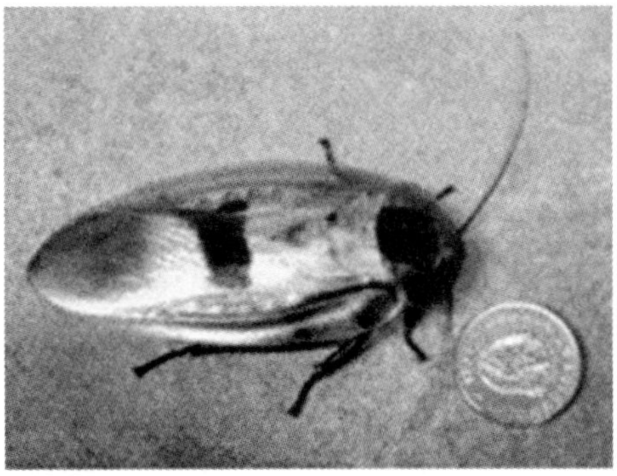

图1.3　美洲蟑螂(Blaberus discoidalis)[32,33]

大壁虎爬10层楼，仅需20 s。负重能力远大于通信设备(<10 g，有效距离5 km)、视觉传感器(<15 g，300万像素)和电源(40～50 g)重量的总和。无论是仿生机器人还是生物机器人，大壁虎都是开展仿生研究的理想模型，能够满足作为反恐侦察和特种侦察的承载和速度需要[37](图1.5)。关于壁虎在各类表面上的附着机理的研究，近年来成为科学家们关注的热点[38,39]。

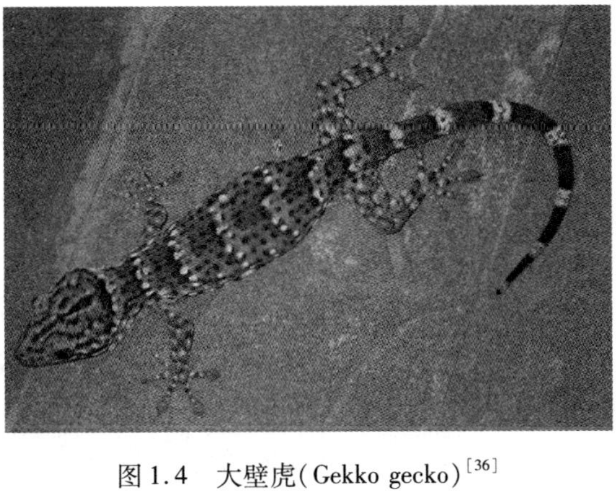

图1.4　大壁虎(Gekko gecko)[36]

图1.5　仿壁虎机器人Stickybot[37]

目前，TDOF仿生机器人在零表面和负表面上爬行时的附着方式主要有四种方式：磁吸附、真空吸附、化学吸附和静电吸附[40～43]。这些吸附方式各自适用于特定的表面。机器人采用磁吸附方式附着时，附着表面的材料必须是导磁性的材料；而对于依靠真空吸附的机器人，在比较粗糙表面上接触时，因密封效果较差，吸附能力会大幅度下降；依靠静电吸附的机器人要求附着表面具有导电性，而且静电吸附力比较小，一般只能应用于微小型 TDOF 仿生机器人；依靠化学吸附的机器人长期工作时，由于化学粘胶容易老化，影响附着性能。所以上述四种附着方式的应用都具有其局限性。例如，在人造卫星表面工作的机器人，由于没有大气压的作用，与卫星表面的吸附连接不能依靠真空吸附；卫星上有大量电磁敏感设备，也不能依靠磁力吸附。自然界中很多动物具备 TDOF 运动能力，揭示这类动物的黏附机制，进而研究/研制一种具有对各种环境和各种表面良好适应的吸附机构是十分必要的。

TDOF 生物机器人研究涉及动物运动神经网络的结构、动物运动神经信号对动物运动行为的调控和神经信息的编码与解码等大量基础科学问题。因此动物运动行为的制导，与测控技术、微机电系统、计算机及信息科学高度发展并相互融合有密切关系。1995 年 Kuwana 等研究了蟑螂运动的人工干预，将铂电极植入蟑螂的探须触觉感受器，通过红外传感器遥控在体内的微处理器产生模拟信号，控制蟑螂向特定方向运动(图 1.6)[44]。

2002 年老鼠运动行为的人工制导引起轰动[45]。在老鼠身上安装微处理器，将刺激电极植入鼠大脑部快感区和触觉感受区，在 500 m 外遥控老鼠完成转弯、前行、爬树、跳跃等动作(图 1.7)。这种人工制导的老鼠携带微型摄像机，可用来完成坍塌建筑物下的搜救任务。美国军方 DARPA(Defense Advanced Research Projects Agency)的有控制的生物系统计划(the Controlled Biological Systems Program)资助了“思维控制机器战士”的研究[46]，拟利用生物控制技术，由脑内植入电极的士兵远距离操控机器人在战场上作战。目前已实现了用猴子的脑电信号指挥机械手运动的功能。此外美国军方耗资 10 亿美元正在研究如何将摄像机安装到蝗虫的身体上，通过遥控信号，让其充当飞行间谍，刺探敌方情报[47]。南京航空航天大学仿生结构与材料防护研究所也先期开展了“壁虎运动人工制导的基础研究”，取得许多第一手资料[48,49]。研究/研制 TDOF 生物机器人需要了解具有 TDOF 能力的动物在附着表面上的黏附-脱附机理，揭示动物能够“飞檐走壁”的秘密，实现对 TDOF 生物机器人的有效控制。

图 1.6 蟑螂运动行为的人工制导[44]

图 1.7 老鼠运动行为的人工制导[45]

因此，无论是仿生机器人还是生物机器人，具备 TDOF 运动能力的条件是能够实现在各种环境下各种表面可靠的黏附。而现代非结构环境下的机器人在运动平稳性、灵活性、健壮性、环境适应性及能源利用效率等方面远远落后于动物[50]。造成这种差异的主要原因之一是人类对动物运动的规律性认识不够全面、深入。例如机器人步态规划往往以身体平衡条件设计，机器人脚掌和地面间的摩擦（切向力）多数仅作为驱动力考虑。而实际上甚至6足的蟑螂在快速运动时也会采用双足跳跃的单自由度运动模式。所以从运动仿生的角度，必须开展壁虎、蜘蛛、昆虫等微小动物的骨骼系、肌肉与神经分布相关的解剖学研究；与动物的接触黏附相关的接触力学、运动机构、动物脚掌黏附机制及其与仿生机器人相关的黏附脚掌的仿生制造技术研究；与动物运动神经系统及其运动神经信息内容相关的研究[1]。

1.3　动物运动及运动力学

动物在各种环境下的运动是形态学和生理学的主要研究内容。生物学家从事整合比较生物学角度研究，以理解动物在不同的尺度、不同的身体的形态、不同的生存环境（陆地、空中和水下）等条件下运动时的相似性和区别。动物运动的综合性研究包括肌肉、骨骼、神经、呼吸和循环等生理系统的研究。目前，生物学家已经发现了关于动物运动几个一般性的原理。Dickinson 给出了关于动物运动整体性研究的综述[50]，包括从两足动物到多足动物在陆上的漫步和快跑、空中的飞行、水下游动时的能量的储存和交换机制；动物运动时的力学作用机制，如侧向力虽然无推动动物前进的作用，但却增加了动物运动时的稳定性、灵活性、健壮性、环境适应性；动物运动的控制机制，多模态的传感器前馈和反馈命令形成了快速的预反应系统；肌肉在运动中的多功能作用机制，即肌肉在运动过程中具有启动、制动、弹簧、支撑的功能。关于动物运动的综合研究显示了动物的身体各个部分如何组合成一个高效的运动系统，同样显示了作为一个有机的整体，各个部分相互间的作用。

人和有足动物有两类运动姿态（图1.8）。人、狗、马和大象等大多数哺乳动物为竖立姿态（upright posture），壁虎、蜘蛛、昆虫等为平卧姿态（sprawled posture）。平卧姿动物运动时相比竖立姿动物会产生更大的侧向力，所以运动过程中更具稳定性和机动灵活性[51]。关于动物运

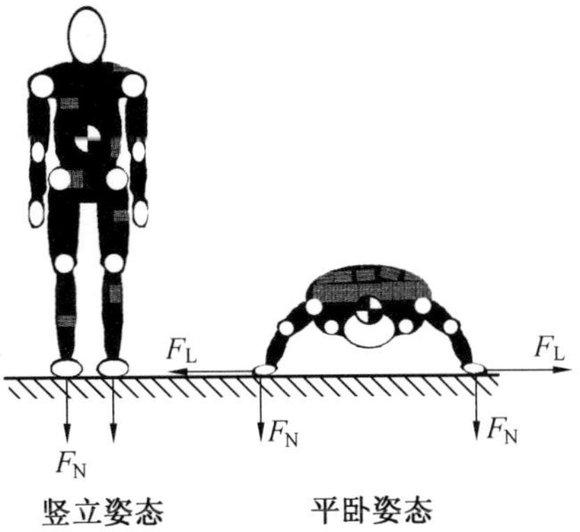

图1.8　竖直姿态和平卧姿态[52]

动力的作用机制，随着时间和空间的变化，不同种类的动物有着不同的力学作用模型（图1.9）。快跑的人和小跑的狗的接触反力的合成矢量通过每条腿的髋（肩）部，以尽可能减

少关节处的作用力矩;每一个运动周期中,始终是制动相位紧接在推进相位后(图1.9(a))。多足类动物漫步时,身体的重心支撑在刚性腿的顶部,类似一个倒置的单摆,身体的动能和重力势能在一个运动周期内交替变化(称为倒摆模型)。当腿足类动物快跑时,腿的作用类似弹簧,在制动相位时压缩,动能和重力作为弹性势能被储存;在推进相位时弹回,弹性势能释放

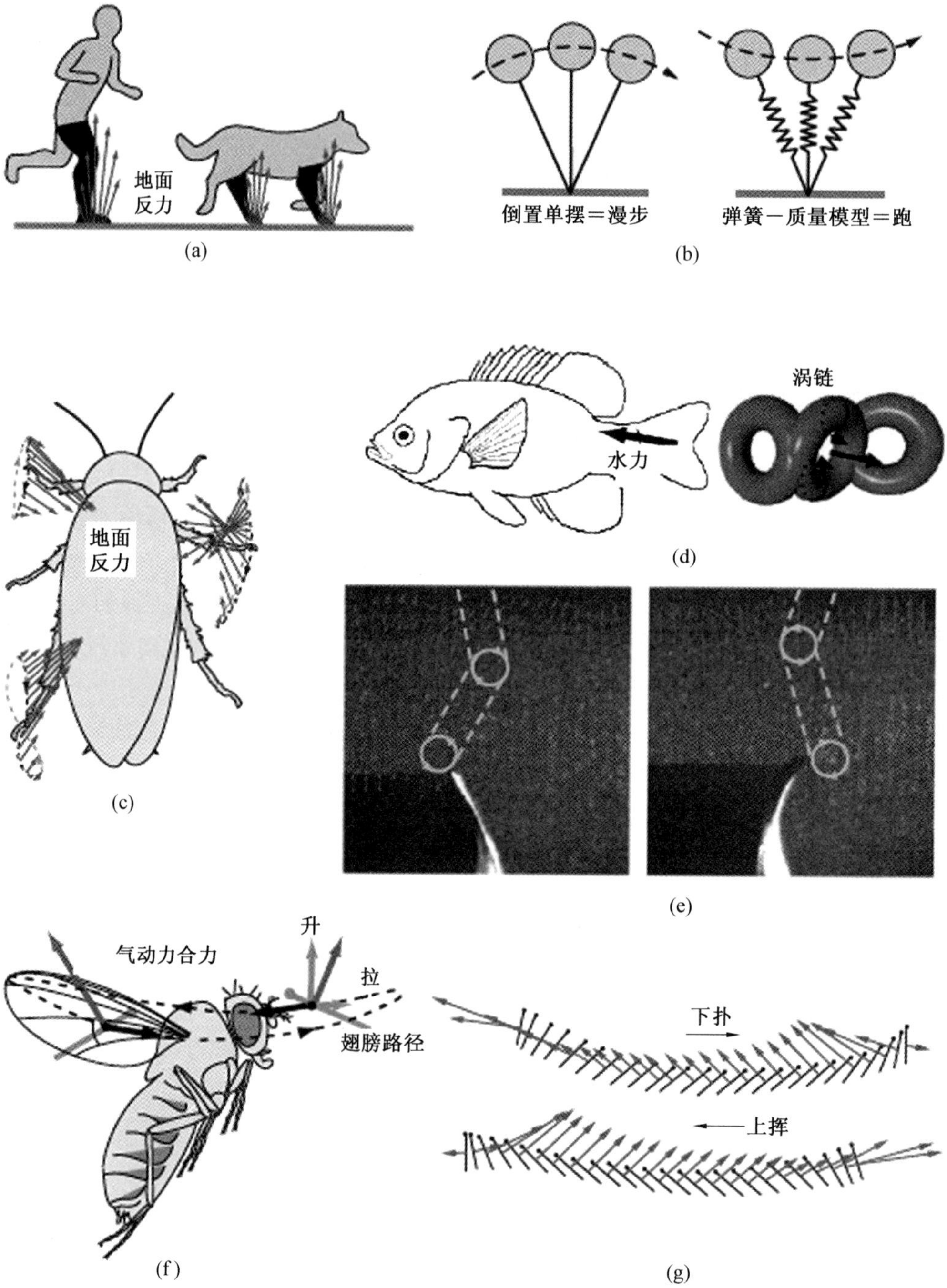

图1.9 动物运动时的力学作用机制[50]

(图1.9(b))。以一个向前快跑的蟑螂为例,后腿的接触反力将身体向前推进,前腿的接触反力却将身体向相反方向推,中间腿的接触反力在运动周期的前半程将身体向后推,在运动周期的后半程将身体向前推进(图1.9(c))(称为弹簧-质量模型)。鱼在水中游动时,鱼鳍前后摆动。鱼鳍的每一次摆动,都会产生一个圆环状的漩涡,该漩涡与鱼鳍上次摆动产生的漩涡相连,从而产生一系列交替的漩涡。每个漩涡代表了鱼施加给水的动量。通过计算水流的速度,可以计算出鱼游动时的水力大小(图1.9(d))。图1.9(e)为太阳鱼游动时激起漩涡时的水流速度的数字化速度点图。图中鱼头方向朝下,两个图像分别显示了漩涡开始时和漩涡结束时的水流速度,通过该两个点图可以重构出鱼游动时激起的贺,圆环状漩涡。果蝇盘旋飞行时,以一个很大的升角前后扑动,产生空气动力(图1.9(f))。在一个扑翅周期中,翅膀快速下扑时身体背侧上抬,上扑时身体腹侧上抬。图1.9(g)中的上图表示下扑时翅膀的动作为从左向右,下图表示上扑时翅膀的动作为从右向左。深色线显示了果蝇翅膀扑动的每一个瞬时位置,浅色线显示了翅膀在每个瞬时位置时对应的空气动力的大小和方向。

传统上,动物与地面的作用力称为地面反力(ground reaction forces,记为GRF)。具有TDOF能力的动物在正、零和负表面上运动时,无论采用何种黏附机理,将接触面对脚掌的作用力称为表面反力(surface reaction forces,简称SRF)。表面反力可以分解为法向力(normal force, F_N)、轴向力(fore-aft force, F_F)和侧向力(lateral force, F_L)(图1.10)。法向力F_N反映了动物运动过程中重力在各条腿上的分布(图1.10(a)),对于苍蝇、蜜蜂、壁虎等具有TDOF运动能力的动物来说,法向力反映了其在天花板、墙面上运动时黏附力的大小;轴向力F_F沿着动物身体轴线方向,反映了动物运动过程中的加速和减速(图1.10(a),(b));侧向力F_L垂直身体轴向,在动物转弯运动中起到很大的作用(图1.10(b))。了解动物运动的接触反力,有助于理解动物运动力学,从而进一步理解动物的运动机理。

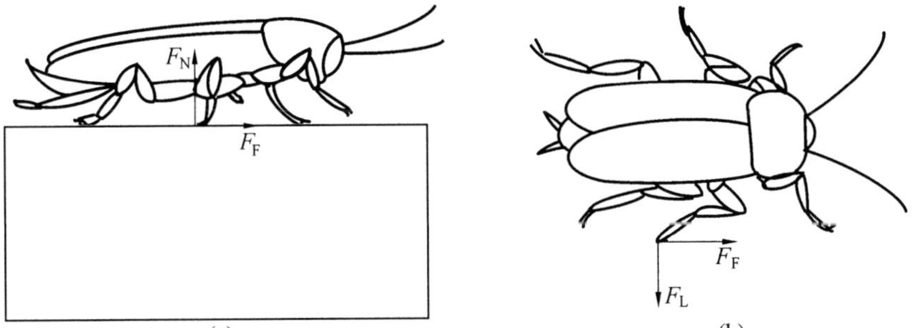

图1.10　接触反力的定义

对壁虎、蜘蛛、昆虫等具有TDOF运动能力的动物而言,除了研究运动力学,其在天花板、墙壁(尤其是光滑壁面)上的附着机理,也是科学家们的研究热点。动物用来实现在壁面上附着的器官主要有三种:爪子、光滑爪垫和刚毛爪垫(图1.11)。

在粗糙表面上动物使用爪子附着,爪子的附着能力与表面粗糙度、爪子尖端几何形状和尺寸及附着表面的摩擦系数有关[52]。在光滑表面上动物使用光滑爪垫或刚毛爪垫,Spolenak总结了光滑爪垫和刚毛爪垫端部接触单元的形状[53](图1.12)。如臭虫(Pyrrhocoris apterus)的

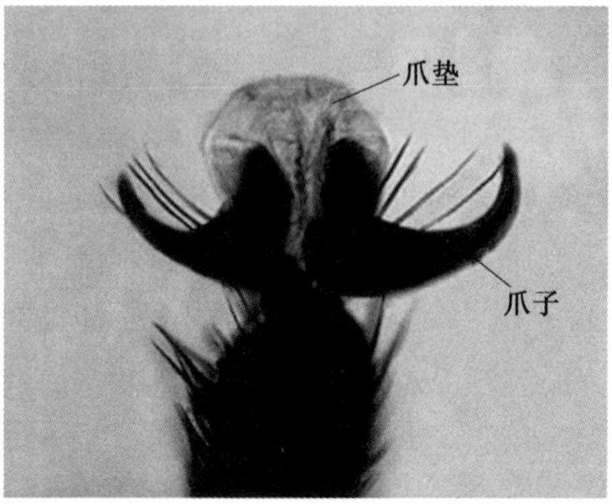

(a)斑衣蜡蝉的爪子和爪垫

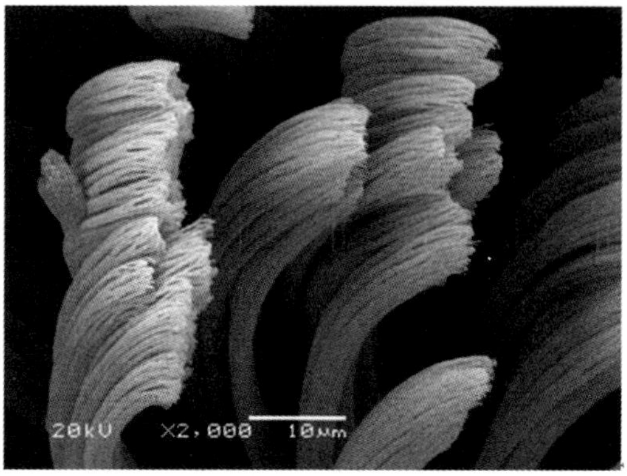

(b)大壁虎脚掌的刚毛

图 1.11 动物的附着器官

光滑爪垫(图 1.12(a));蝗虫(Tettigonia viridissima)的附垫表面(图 1.12(b));苍蝇(Myathropa florea)的足部纤毛(图 1.12(c));苍蝇(Calliphora vicina)的爪垫上的刚毛(图 1.12(d));甲虫(Harmonia axyridis)第二跗节上的刚毛(图 1.12(e));甲虫(Chrysolina fastuosa)第二跗节上的刚毛(图 1.12(f));雄性甲虫(Dytiscus marginatus)的前足跗节垂直侧面上的杯形吸盘(图 1.12(g))。光滑爪垫软且可变形,如蟑螂、蜜蜂、蝗虫、斑衣蜡蝉和臭虫的爪垫,这类爪垫与接触表面的附着力以表皮与附着表面之间的分泌液膜为介质[54]。刚毛爪垫覆盖有较长的可变形刚毛[55,56],如某些甲虫、苍蝇、蜘蛛、壁虎的爪垫(图 1.13)。这类刚毛易弯曲,从而能够与表面形成众多的微接触区。Peressadko 和 Gorb 认为刚毛尖端部位总体上是平的,构成端部接触单元,其尺寸随动物质量的增加而降低[57]。如金龟子的单元尺寸为 7 μm,苍蝇为 1 ~ 2 μm,壁虎为 10 ~ 100 nm。刚毛爪垫的附着力取决于端部接触单元的数量和与附着表面产生紧密接触的能力。具有 TDOF 运动能力的动物依靠冗余的附着机构,不仅能够在粗糙的表面上附着,也能附着在光滑的表面。如蝗虫同时具有爪子和光滑爪垫,而壁虎同时具有爪子和刚

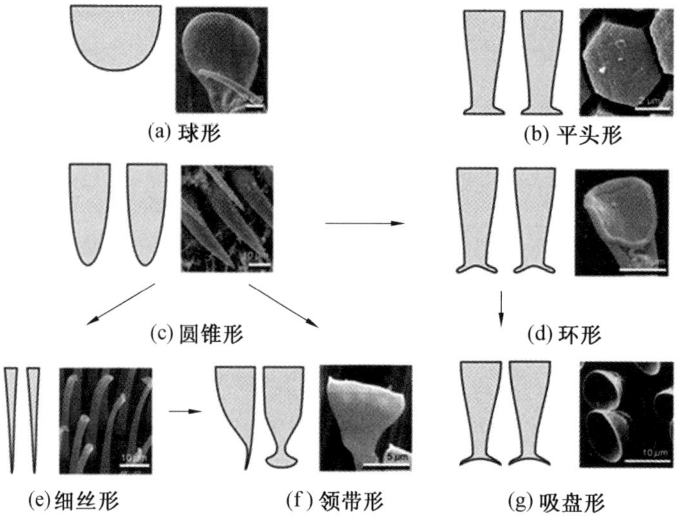

图 1.12 动物光滑爪垫和刚毛爪垫的形状[53]

毛爪垫[58]。

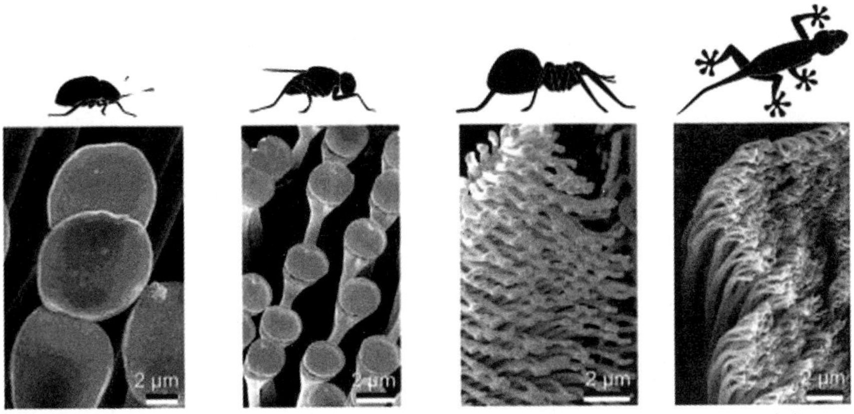

(a)甲虫　(b)苍蝇　(c)蜘蛛　(d)大壁虎

图1.13　几种动物刚毛爪垫的纳米尺度结构[55,56]

关于具有TDOF能力的动物的附着机理的研究已经超过两千年[59]。多年来,人们提出了多种假说解释壁虎、蜘蛛、昆虫等动物在零、负表面附着机理,如粘性液膜、微吸盘、静电吸力等。通过实验研究,其中某些假说已经被否定,目前得到普遍认可的附着机制是由于分泌物与附着表面产生的毛细吸附力(capillary force)或由于分子间的作用力(van der waals force)而引起的附着[55]。2000年,Autumn等在排除其他附着机理(表1.1)的基础上,提出了大壁虎能够在墙面、天花板上附着是基于分子间的作用力即van der waals力的假说,并用单根刚毛的附着实验证明了该假说[61,62]。随后建立了相应的理论模型,通过计算得到的结果与实验测得的结果相符,进一步证明了该假说[59,62]。2005年,Huber等在不同气体湿度环境和不同的化学表面条件下,测试了大壁虎单根刚毛的黏附力,发现环境湿度对刚毛的黏附力有很大的影响,从而认为毛细吸附力对大壁虎的附着也有很大的贡献[63]。我们在实验中发现,壁虎脚掌的黏附还有未被充分认识的方面,相关研究正在进一步开展。

表1.1　动物的附着机制

附着机制	被排除的原因
摩擦力	黏附力远大于摩擦力
吸盘	刚毛在真空中也能附着
毛细吸附	壁虎脚掌没有分泌黏性物质的腺体
微锁合	通常发生在粗糙表面,而大壁虎能在光滑表面附着
静电引力	X射线照射或离子化的环境刚毛仍能附着

第2章　壁虎运动的生物学基础

对生物系统内在规律性的认识，是开展仿生研究的基础和出发点。事实上，人们对生物系统的认识远远落后于仿生工程需要。这是因为对同一个生物体，不同领域的学者关注的重点是不同的，所采用的研究方法和手段也是不同的。生物学家更多地关注分类、生殖、特征特性等关乎种族的问题；医学和药学研究者关注其药学功能及其对医疗的作用；仿生研究则会从不同的特殊功能角度提出问题。对壁虎的研究也是一样，动物学家关注分类等问题[64]，中医中药学关注其药用价值[65]和治疗效果[66]，物理学家关注壁虎是如何黏附到墙面和天花板上的[49]，本书侧重研究壁虎的运动行为及其和运动相关的生物学问题。2.1节回顾大壁虎的分类等基本的生物学信息；2.2节研究壁虎运动骨骼系统，它是运动机构的基础；2.3节研究壁虎运动的驱动系统——肌肉的分布；2.4节回顾壁虎黏附刚毛的结构及其黏附机制的研究；2.5节研究运动相关的感知和神经系统。

2.1　壁虎的种类及分布

壁虎，爬行纲（Reptilia），蜥蜴目（Lacertiformes），壁虎科（Gekkonidae），壁虎属（Gekko）[64]，是具有三维空间无障碍（TDOF）运动能力的动物中体重最大的动物。壁虎属动物主要特征为头骨的骨片扁薄，眶后骨消失或与后额骨愈合，因而造成眼窝与颞窝彼此相通；头较大、头背无对称排列的大鳞，背被粒鳞，上有较规则排列的疣鳞；眼大，覆有透明膜，瞳孔直立；雄性具有肛前孔或股孔，指趾上具扩大的攀瓣，不纵分；卵生，一次产卵两个，白色椭圆形。该属动物在世界上有25种，在我国分布有10种[67]，如大壁虎（Gekko gecko）（图2.1（a））、多疣壁虎（Gekko japonicus）（图2.1（b））等。

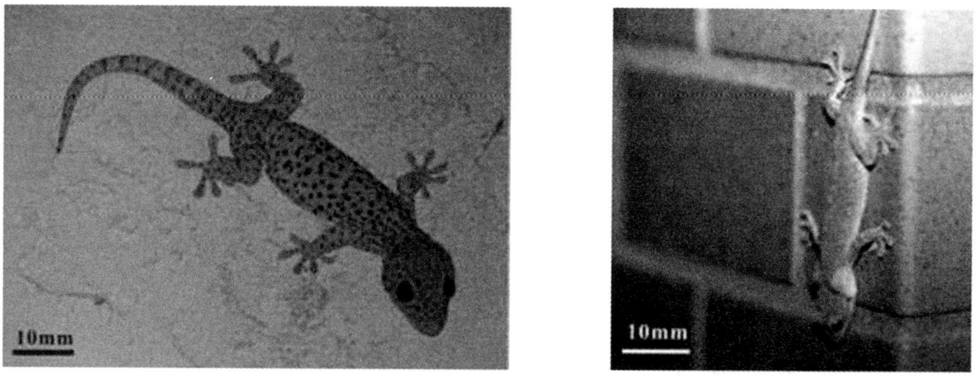

(a)　(b)

图2.1　大壁虎和多疣壁虎[64]

大壁虎（Gekko gecko Linnaeus），又名蛤蚧，分布于我国云南、广西、广东等省区，为国家二级保护动物，在越南、印度尼西亚等地也有分布，栖息于峰峦陡峭、暴露岩石、植物稀少的石山岩缝、枯树洞或者房屋的缝隙中,身长可达 300 mm,体重可达 150 g。如无特殊说明,本书中用于开展研究的壁虎皆为大壁虎。

国外对壁虎及其附着能力的研究可追溯到两千多年前的亚里士多德,文献记载他率先观察了壁虎的运动,“能头部朝下、灵活自如地在树上上下奔跑”[59]。实验用大壁虎均来自广西省南宁、贵港两市的蛤蚧养殖场。大壁虎实验研究所在地南京的气候相对南方较为干燥、阴冷,为此特别建造了适宜于大壁虎生存的养殖房(图 2.2)。养殖房所用材料、结构、气候均模拟大壁虎在广西的蛤蚧养殖场的生存环境,以保证大壁虎实验前和实验期间的最佳生活状态。另外,为了让大壁虎适应运动力学测试通道的环境,挑选体形相当可用于实验测试的壁虎放入一个特殊的环境进行训练。训练环境由两个箱体以及两箱体间连接的模拟通道组成,在一个箱体内放食物,另一个箱体内放入水盆为其饮水之用,这样壁虎必须经过通道在两箱体间运动才能完成进食,壁虎得以熟悉通道环境从而得到训练。

图 2.2　壁虎养殖房

2.2　壁虎的运动骨骼系统及机构学

从机械运动的角度看,骨骼组成了运动系统的构件,是支撑动物运动的基础,骨骼间的关节是动物运动系统的运动副[1]。南京航空航天大学仿生结构与材料防护研究所对大壁虎(Gekko gecko)的骨骼结构(图 2.3)、附肢肌的分布做了系统解剖研究。壁虎脊椎有 28 节,椎节间具有较小的相对运动,4 肢骨骼结构对运动影响很大。从运动机构角度看,脚掌和胫骨的

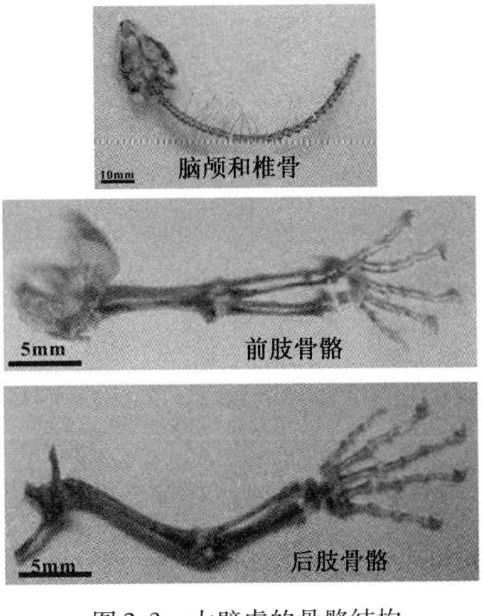

图 2.3　大壁虎的骨骼结构

连接可以简化为2自由度的球面回转副;股骨和胫骨间的运动相当于1自由度回转副;股骨和身体间的运动关系为2个自由度的球面回转副。股骨相对身体的转动为-80°~80°;胫骨相对于股骨的转动为-60°~150°。在地面上运动时,脚掌平面与壁虎腹面间距离较大,股骨相对于壁虎的身体平面形成-40°~80°,以便撑起身体,使之能够在地面上顺利运动。在天花板和墙面上运动时,脚掌平面与壁虎腹面间距离很小,以便减小翻转力矩。

Zaaf等研究了壁虎生活习性与其体态特征、骨骼和肌肉结构和运动步态等的密切关系。通过对前后腿上肌肉、平均纤维长度、截面尺寸等参数的测定,发现习惯于爬壁的大壁虎(Gekko gecko)和习惯于在地面上运动的豹斑虎(Eublepharis macularius)有显著的区别,为保证壁虎在爬墙时的稳定性,大壁虎发展了强有力的跨肩部和臀部的牵引肌[68]。国内的学者也开展了壁虎属动物的解剖学研究。如陈振昆等开展了大壁虎腮节肌的解剖研究[69],丁光等对云南大壁虎的附肢构造进行了专门的形态学研究,并制作了相应的图谱[70]。张秋金等对多疣壁虎和纵斑蜥虎骨骼系统做了解剖比较[71]。

壁虎骨骼结构的解剖表明,脚趾具有不少于23个自由度,前肢具有不少于6个自由度,后肢具有不少于5个自由度。

2.3 壁虎运动驱动系统——肌肉分布

壁虎的运动由肌肉驱动,相对肌重(某肌群的质量/总体重×100%)反映了肌肉所关联的运动副对驱动力的需求。刘晓燕等系统测定了相对肌重、相对肌长(肌长×100%/头体长)[72]。发现相对肌重以耻坐胫肌最大(1.094%),小指固有伸肌最小(0.004%);相对肌长以胸大肌最大(3.678%),深指短屈肌最小(0.385%)。测定前后附肢肌总质量比为1∶1.4,表明后肢在壁虎的运动中起主导作用。如肌群中各块肌肉在运动功能学上的时间序列关系及其对高效率驱动的影响的研究可以为仿生机器人驱动机制的研究提供新的设计理念,为新型驱动原理和新型材料在机器人上的应用创造新的机遇。

2.3.1 壁虎肌肉分布

1.前肢肌群的测量

表2.1、表2.2分别为左右侧28块前肢肌群的解剖数据。功能上,分布于肩关节周围的前肢带肌[73]有8块,其止点均位于肱骨并主要为单关节肌。浅层腹侧面的胸大肌和背侧面的背阔肌,具有前肢肌各测量指标的最大值。深层前肢带肌排列紧密,相对细小。臂肌后群的肱三头肌较前群的3块屈肌宽厚。前臂肌11块,分化为屈肌、伸肌和旋肌。掌指部的指短伸肌、掌腱肌以及深指短屈肌形态别致精巧,近端会合,远端分为五支分别附于相应的掌指骨;此外拇长展肌、小指固有伸肌、背骨间肌形态细长、轻微。对各项测量数据的统计学处理结果表明,同名肌的左、右侧没有显著差异($P>0.05$),是基本对称的。为避免个体质量和几何尺寸差异

对测定结果的影响，采用了相对质量（肌重/体重×100%）和相对长度（肌长/体长×100%）的表示方法。

表 2.1　左前肢肌的相对质量和尺寸　%

肌肉名称 (appendicular m. name)	相对重 (relative weight)	相对长 (relative length)	相对宽 (relative breadth)	相对厚 (relative thickness)
背阔肌(Latissimus dorsi)	0.425±0.046	2.614±0.072	1.514±0.142	0.132±0.018
胸大肌(Pectoralis major)	0.608±0.008	3.316±0.581	0.985±0.080	0.113±0.010
肩胛三角肌(Deltoideus scapularis)	0.098±0.026	0.961±0.107	0.462±0.087	0.090±0.013
锁三角肌(Deltoideus clavicularis)	0.127±0.016	1.136±0.147	0.318±0.009	0.090±0.016
肩胛肱前肌(Scapulohumeralis anterior)	0.068±0.008	0.995±0.035	0.649±0.075	0.119±0.041
上喙肌(Supracoracoideus)	0.105±0.023	1.258±0.109	0.509±0.102	0.089±0.011
喙肱肌(Coracobrachiales)	0.050±0.010	1.237±0.090	0.138±0.014	0.069±0.009
喙胛下肌(Brachialis inferior)	0.078±0.004	0.746±0.065	0.500±0.084	0.061±0.007
肱三头肌(Triceps brachii)	0.283±0.026	1.696±0.058	0.685±0.091	0.192±0.026
肱二头肌(Biceps brachii)	0.090±0.012	1.928±0.063	0.185±0.020	0.096±0.016
肱肌(Brachialis)	0.079±0.006	1.254±0.106	0.362±0.013	0.207±0.060
指总伸肌(Extensor digitorum communis)	0.103±0.017	1.368±0.052	0.381±0.061	0.103±0.002
桡侧腕伸肌(Extensore carpi radialis)	0.016±0.001	1.199±0.074	0.092±0.018	0.056±0.013
尺侧腕伸肌(Extensor carpi ulnaris)	0.029±0.004	1.277±0.082	0.117±0.013	0.068±0.003
旋后肌(Supinator manus)	0.186±0.050	1.249±0.089	0.523±0.020	0.157±0.019
桡侧腕屈肌(Flexor carpi radialis)	0.064±0.013	1.035±0.147	0.119±0.032	0.194±0.022
浅掌屈肌(Flexor palmaris superficialis)	0.047±0.011	1.356±0.099	0.202±0.067	0.093±0.013
尺侧腕屈肌(Flexor carpi ulnaris)	0.033±0.003	1.221±0.125	0.122±0.010	0.056±0.010
尺滑车肘上肌(Epitrochleoanconeus)	0.017±0.002	1.007±0.095	0.094±0.014	0.053±0.027
旋前圆肌(Pronator teres)	0.052±0.007	1.399±0.098	0.133±0.023	0.099±0.016
旋前深肌(Pronator profundus)	0.016±0.005	0.868±0.045	0.096±0.011	0.071±0.013
深掌屈肌(Flexor palmaris profundus)	0.052±0.003	1.201±0.103	0.357±0.051	0.075±0.026
指短伸肌(Extensor digitorum breves)	0.025±0.003	0.493±0.010	0.610±0.072	0.033±0.007
拇长展肌(Abductores pollicis longus)	0.019±0.002	0.878±0.182	0.261±0.013	0.056±0.018
小指固有伸肌(Mextensor digit quinti proprius)	0.004±0.001	0.413±0.058	0.062±0.018	0.050±0.020
背骨间肌Ⅲ(Interossei dorsalis manus Ⅲ)	0.006±0.001	1.029±0.098	0.056±0.001	0.037±0.003
掌腱肌(Palmaris brevis)	0.032±0.003	0.504±0.091	0.583±0.084	0.045±0.016
深指短屈肌(Deep short digital flexor)	0.027±0.005	0.396±0.041	0.591±0.043	0.052±0.002

表 2.2 右前肢肌的相对质量和尺寸 %

肌肉名称 (appendicular m. name)	相对重 (relative weight)	相对长 (relative length)	相对宽 (relative breadth)	相对厚 (relative thickness)
背阔肌(Latissimus dorsi)	0.469±0.041	2.543±0.080	1.252±0.039	0.123±0.027
胸大肌(Pectoralis major)	0.606±0.061	3.678±0.230	0.988±0.079	0.112±0.009
肩胛三角肌(Deltoideus scapularis)	0.114±0.009	0.998±0.142	0.485±0.057	0.106±0.019
锁三角肌(Deltoideus clavicularis)	0.144±0.017	1.124±0.028	0.340±0.029	0.103±0.008
肩胛肱前肌(Scapulohumeralis anterior)	0.074±0.014	1.012±0.120	0.627±0.036	0.093±0.013
上喙肌(Supracoracoideus)	0.105±0.009	1.234±0.042	0.374±0.242	0.100±0.010
喙肱肌(Coracobrachiales)	0.063±0.011	1.242±0.026	0.138±0.008	0.071±0.003
喙胛下肌(Brachialis inferior)	0.090±0.022	0.853±0.185	0.599±0.246	0.052±0.007
肱三头肌(Triceps brachii)	0.254±0.019	1.690±0.166	0.648±0.037	0.149±0.021
肱二头肌(Biceps brachii)	0.094±0.014	2.090±0.046	0.189±0.026	0.096±0.017
肱肌(Brachialis)	0.092±0.010	1.283±0.077	0.328±0.005	0.144±0.010
指总伸肌(Extensor digitorum communis)	0.104±0.013	1.421±0.072	0.374±0.057	0.110±0.008
桡侧腕伸肌(Extensore carpi radialis)	0.015±0.002	1.195±0.062	0.086±0.006	0.073±0.015
尺侧腕伸肌(Extensor carpi ulnaris)	0.031±0.003	1.299±0.020	0.132±0.009	0.072±0.006
旋后肌(Supinator manus)	0.126±0.004	1.248±0.052	0.494±0.015	0.122±0.006
桡侧腕屈肌(Flexor carpi radialis)	0.064±0.002	1.136±0.066	0.130±0.069	0.160±0.053
浅掌屈肌(Flexor palmaris superficialis)	0.050±0.007	1.331±0.067	0.154±0.026	0.087±0.014
尺侧腕屈肌(Flexor carpi ulnaris)	0.033±0.006	1.154±0.052	0.138±0.009	0.063±0.002
尺滑车肘上肌(Epitrochleoanconeus)	0.014±0.003	0.988±0.117	0.081±0.006	0.048±0.019
旋前圆肌(Pronator teres)	0.050±0.006	1.357±0.160	0.153±0.045	0.078±0.015
旋前深肌(Pronator profundus)	0.016±0.005	0.811±0.100	0.096±0.018	0.082±0.026
深掌屈肌(Flexor palmaris profundus)	0.056±0.002	1.260±0.051	0.321±0.018	0.094±0.017
指短伸肌(Extensor digitorum breves)	0.023±0.003	0.530±0.112	0.580±0.050	0.043±0.009
拇长展肌(Abductores pollicis longus)	0.019±0.000	0.786±0.069	0.229±0.022	0.046±0.016
小指固有伸肌(Mextensor digit quinti proprius)	0.004±0.001	0.436±0.037	0.058±0.014	0.054±0.006
背骨间肌Ⅲ (Interossei dorsalis manus Ⅲ)	0.007±0.001	1.028±0.061	0.060±0.006	0.036±0.004
掌腱肌(Palmaris brevis)	0.025±0.003	0.467±0.075	0.567±0.148	0.043±0.025
深指短屈肌(Deep short digital flexor)	0.025±0.003	0.385±0.034	0.586±0.088	0.050±0.001

2. 后肢肌群的测量

首先获得25块后肢肌的形态学数据。浅层后肢带肌宽、厚、长，起于后肢带骨，起点接近髋关节中心，止于胫骨或腓骨近端，止点接近膝关节中心，肌拉力线跨过髋关节和膝关节，因此后肢带肌与大腿肌难以明确区分；深层后肢带肌粗短，排列致密，为单关节肌。小腿肌以腓肠肌较为宽厚发达，也分为屈肌、伸肌和旋肌，但肌肉数仅为6，较前臂肌少，故前肢肌数多于后肢数。掌趾部的趾短伸肌、浅趾短屈肌与深趾短屈肌与前肢情形相似，但腹侧面的两块屈肌有随肌腹分支的亮白肌腱；趾 I 展肌、小趾展肌以及骨间背肌亦十分细小。对各项测量数据的统计学处理结果表明，同名肌的左、右侧没有显著差异（$P>0.05$），也是对称结构。表 2.3、表 2.4 分别为左右后肢肌群的解剖数据相对值。

表 2.3　左后肢肌的相对质量和尺寸　%

肌肉名称 (appendicular m. name)	相对重 (relative weight)	相对长 (relative length)	相对宽 (relative breadth)	相对厚 (relative thickness)
耻坐股内肌(Puboischiofemoralis internus)	0.221±0.005	1.167±0.041	0.521±0.140	0.151±0.021
髂股肌(Iliofemoralis)	0.083±0.018	0.785±0.030	0.225±0.018	0.370±0.004
尾股肌(Caudifemoralis)	0.446±0.031	1.497±0.215	0.205±0.028	0.402±0.011
耻坐股外肌(Puboischiofemoralis externus)	0.267±0.030	1.168±0.013	0.644±0.056	0.143±0.005
髂胫肌(Iliotibialis)	0.231±0.003	1.932±0.079	0.480±0.033	0.213±0.006
髂腓肌(Iliofibularis)	0.204±0.028	1.448±0.106	0.291±0.020	0.163±0.016
股胫肌(Femorotibialis)	0.203±0.012	1.638±0.057	0.519±0.054	0.120±0.030
栖肌(Ambiens)	0.163±0.019	1.715±0.023	0.288±0.013	0.169±0.035
耻坐胫肌(Puboischiotibialis)	1.094±0.099	1.858±0.118	1.322±0.059	0.104±0.025
外胫屈肌(Flexor tibialis externus)	0.061±0.011	1.651±0.034	0.251±0.004	0.084±0.006
内胫屈肌(Flexor tibialis internus)	0.043±0.006	1.701±0.043	0.153±0.032	0.084±0.023
股收肌(Adductor)	0.044±0.009	1.461±0.051	0.276±0.051	0.079±0.021
耻胫肌(Pubotibialis)	0.062±0.020	1.401±0.057	0.210±0.018	0.077±0.010
趾总伸肌(Extensor digitorum communis)	0.082±0.011	1.682±0.135	0.262±0.094	0.114±0.020
胫前肌(Tibialis anterior)	0.049±0.015	1.502±0.211	0.304±0.074	0.074±0.011
腓肠肌(Gastrocnemius)	0.277±0.055	1.744±0.114	0.706±0.079	0.087±0.009
趾长屈肌(Flexor digitorum longus)	0.106±0.012	1.434±0.050	0.242±0.040	0.143±0.035
腘肌(Popliteus)	0.063±0.010	1.033±0.014	0.275±0.018	0.082±0.025
旋前屈肌(Pronator profundus)	0.016±0.001	0.849±0.092	0.291±0.045	0.037±0.003
趾短伸肌(Extensores digitorum breves)	0.028±0.013	0.535±0.048	0.568±0.074	0.044±0.001
趾 I 展肌(Abductor digitorus I)	0.013±0.003	0.758±0.081	0.164±0.093	0.117±0.048
小趾展肌(Abductor digiti quinti)	0.009±0.001	0.885±0.023	0.076±0.010	0.052±0.006
骨间背肌Ⅲ(Interossei dorsalis pedis Ⅲ)	0.014±0.002	1.241±0.110	0.091±0.004	0.056±0.012
浅趾短屈肌(Superficial short digital flexors)	0.037±0.001	0.555±0.028	0.607±0.083	0.043±0.011
深趾短屈肌(Deep short digital flexors)	0.026±0.001	0.549±0.028	0.450±0.092	0.047±0.002

表 2.4 右后肢肌的相对质量和尺寸 %

肌肉名称 (appendicular m. name)	相对重 (relative weight)	相对长 (relative length)	相对宽 (relative breadth)	相对厚 (relative thickness)
耻坐股内肌(Puboischiofemoralis internus)	0.201±0.011	1.262±0.056	0.545±0.176	0.136±0.019
髂股肌(Iliofemoralis)	0.075±0.006	0.850±0.031	0.281±0.033	0.333±0.092
尾股肌(Caudifemoralis)	0.460±0.024	1.454±0.173	0.195±0.009	0.423±0.018
耻坐股外肌(Puboischiofemoralis externus)	0.271±0.025	1.181±0.026	0.661±0.103	0.152±0.067
髂胫肌(Iliotibialis)	0.254±0.018	1.895±0.026	0.486±0.016	0.163±0.041
髂腓肌(Iliofibularis)	0.211±0.036	1.432±0.087	0.277±0.021	0.148±0.036
股胫肌(Femorotibialis)	0.227±0.004	1.631±0.046	0.544±0.072	0.109±0.017
栖肌(Ambiens)	0.169±0.022	1.782±0.086	0.275±0.025	0.182±0.047
耻坐胫肌(Puboischiotibialis)	0.939±0.157	1.920±0.132	1.316±0.050	0.076±0.017
外胫屈肌(Flexor tibialis externus)	0.047±0.006	1.634±0.191	0.247±0.044	0.074±0.007
内胫屈肌(Flexor tibialis internus)	0.034±0.012	1.776±0.118	0.152±0.047	0.094±0.018
股收肌(Adductor)	0.042±0.010	1.426±0.089	0.284±0.073	0.081±0.025
耻胫肌(Pubotibialis)	0.062±0.017	1.487±0.168	0.199±0.031	0.073±0.003
趾总伸肌(Extensor digitorum communis)	0.090±0.014	1.496±0.102	0.282±0.108	0.137±0.013
胫前肌(Tibialis anterior)	0.052±0.008	1.360±0.153	0.382±0.013	0.078±0.012
腓肠肌(Gastrocnemius)	0.215±0.041	1.764±0.042	0.810±0.053	0.082±0.026
趾长屈肌(Flexor digitorum longus)	0.111±0.013	1.389±0.049	0.221±0.020	0.114±0.008
腘肌(Popliteus)	0.059±0.007	0.884±0.161	0.261±0.035	0.082±0.025
旋前屈肌(Pronator profundus)	0.016±0.001	0.819±0.170	0.275±0.030	0.047±0.018
趾短伸肌(Extensores digitorum breves)	0.032±0.006	0.582±0.072	0.569±0.061	0.047±0.005
趾 I 展肌(Abductor digitorus I)	0.018±0.003	0.696±0.105	0.126±0.053	0.114±0.079
小趾展肌(Abductor digiti quinti)	0.008±0.002	0.884±0.075	0.076±0.010	0.043±0.002
骨间背肌Ⅲ(Interossei dorsalis pedis Ⅲ)	0.013±0.002	1.256±0.022	0.093±0.009	0.050±0.008
浅趾短屈肌(Superficial short digital flexors)	0.042±0.015	0.560±0.064	0.648±0.173	0.039±0.019
深趾短屈肌(Deep short digital flexors)	0.027±0.010	0.525±0.042	0.510±0.154	0.044±0.003

2.3.2　讨论

1. 浅层肢带肌多宽、厚、长，整体力量大

浅层前肢带肌起端宽阔接近躯干正中线而止端窄厚，止点接近肩关节中心，近固定时对肩关节的转动力大，发力时可快速、大幅度地拉动前肢；而远固定时则可明显加固肩关节；锁三角肌部分地分为背、腹两束从两面夹裹锁骨，一定程度上可加固肩关节、增大锁骨强度。浅层后肢带肌拉力线跨过髋关节和膝关节，腹侧面的耻坐胫肌甚至从内侧缘向背侧翻转折叠 1/4 ~ 1/3，部分遮盖、包卷深层排列精致的肌肉，显著增大了大腿的切面积，明显提高了后肢支撑体重的强度；深层的耻坐股内肌的前外侧缘从耻骨的内面向耻骨、前耻软骨的腹侧面折叠增厚，使肌的支点固定在髋臼的前上方前耻软骨和耻骨外侧缘，从而加大了肌的拉力矩，形成加固髋关节和前拉后肢的重要力量。因此无论近固定或远固定，后肢带肌均能对关节中心产生强大的转动分力和加固分力，有效地抗衡重力，并实现运动。

2. 附肢肌适应功能需要的形态学结构巧妙、精致

前肢的指总伸肌呈扇形，远端浅层长、宽，并在腕部发出 4 条细长腱止于 2 ~ 5 指的指尖；深层则稍短、窄，余下空间供拇长展肌自尺侧向桡侧斜行。别致的掌指（趾）部肌不仅可灵活运动掌指（趾）、指（趾）关节，推测亦参与控制指趾端吸附结构与物体接触的契合程度。

3. 肌的附着点常相互穿插、遮盖，止点位置尤其隐蔽

分离测量不易总是逐层逐块按序进行；有些肌的形状不规则，测点位置难以精确统一，因而分离、测量需时较长；此外，肌肉组织经固定处理后，在以分钟为单位的时间内先后测量同一块肌的长度，离体肌长通常小于在体肌长，显示固定肌组织仍具有一定的黏弹性，因此不能忽略黏弹性对肌形状的影响[74]。这些因素导致的随机测量误差，必要时可增加样品数，使误差控制在允许的范围内。

2.4　壁虎脚底刚毛的结构及黏附机制

壁虎和其他陆地动物的最大差别是它能够在各种表面上运动，特别是在墙面和天花板表面上运动，该能力源于壁虎脚底上的数百万根 100 多 μm 长，几百 nm 到几 μm 直径的刚毛和固体表面间产生的基于范德华力相互作用的黏附力。

生活在不同环境下的壁虎，脚掌刚毛的分布及其刚毛的微结构均有显著差异（图 2.4 和图 2.5）。Zaaf 研究了爬墙壁虎和居地壁虎的结构差异[75]，发现爬墙壁虎脚趾有起黏附作用的脚垫和刚毛，居地壁虎没有类似结构；此外腿上肌肉的分布也有显著差异。这种差异在图 2.4 中有明显的表示。图 2.5（a）和（b）分别为大壁虎和无璞壁虎脚底刚毛的结构，可见居于广西、云南山林中的大壁虎和居于北方农家的无璞壁虎脚底刚毛的结构存在明显差异，该差异可能源于其生活环境的不同所致。

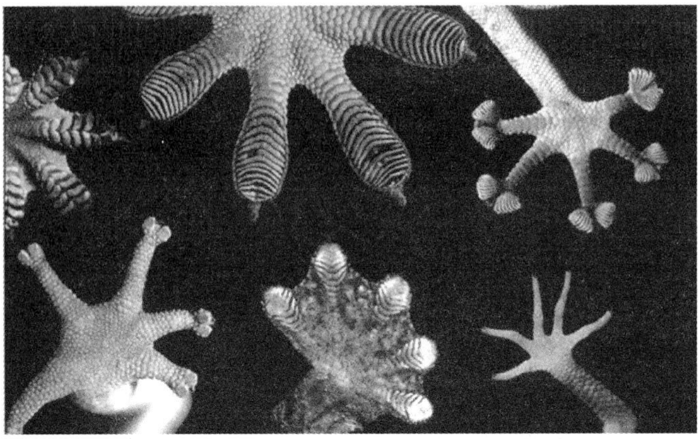

图 2.4 不同壁虎的脚掌刚毛

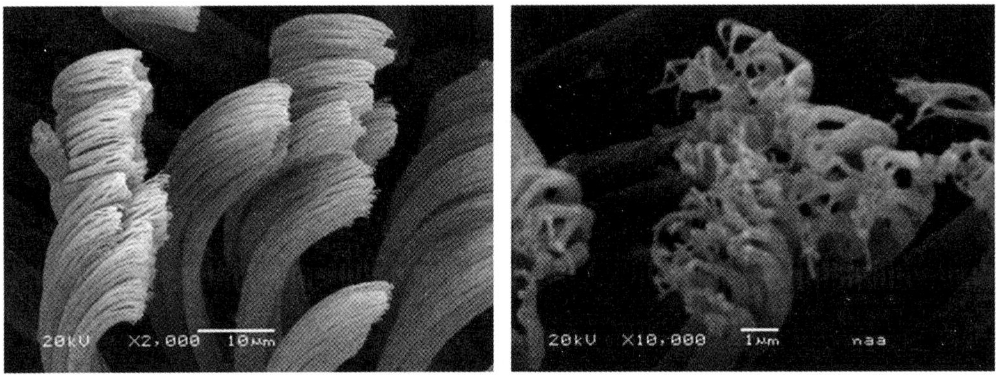

(a)大壁虎 (Gekko gecko) (b)无璞壁虎 (Gekko swinhonis)

图 2.5 不同壁虎脚掌刚毛的微结构

对大壁虎(Gekko gecko)脚底毛形态的观测,科学家发现在壁虎脚底板上有许多趾垫,趾垫的表面横行排列着数目不等的皮瓣,皮瓣上密集生长着数百万根主要成分为 β-角蛋白的刚毛[1,70],它们排列整齐、方向规则。大壁虎单根刚毛长约为 100 μm,直径约为 5 μm,在刚毛的顶端形成 100 ~ 1 000 的压舌板状分支结构,单支压舌板结构由茎秆末端平坦的类三角形平面组成,压舌板最宽边缘处约为 200 nm。Alibardi 观测到刚毛表面存在大量的 γ-角蛋白和 β-角蛋白[76]。指状脚垫上的微小刚毛使壁虎具有黏附和攀爬的能力。用 mRNAs 表达分离和已表达序列标志基因库增殖方法分析了大壁虎刚毛的角蛋白确定了 510 个序列,其中 268 个有特异性,占 52.9%。11 个具有为 α-角蛋白,111 个为 β-角蛋白。在 β-角蛋白中,根据核苷酸序列分析的对比,确定为 5 组。其中一组包含大量的 β-角蛋白,有 103 个序列标志[77]。

关于壁虎的黏附机制,Autumn 测定了单根刚毛的黏附力(图 2.6)[60],并预测为 van der Waals 力为黏附的物理机制。壁虎脚底刚毛的结构和黏附机制的揭示,为壁虎的运动仿生,特别是干式和反复使用的黏附脚底刚毛的仿生奠定了基础。

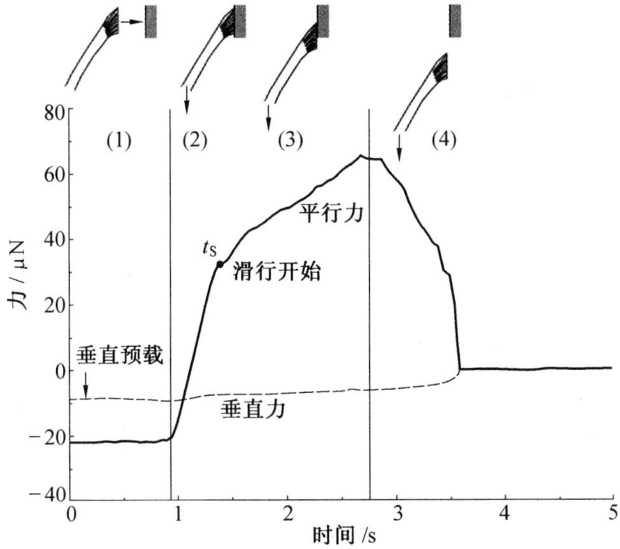

图 2.6　大壁虎单根刚毛的黏附力测试

(1)垂直预载，刚毛正面相对于基底有一定的正压力；(2)随后在切向有约 5 μm 的相对滑动，该过程伴随黏附力的缓慢增加，开始平行拉刚毛；(3)随后刚毛和基底间发生相对滑动，切向黏附力保持最大；(4)此后黏附失效，刚毛拉离传感器。

2.5　壁虎运动相关的感知和外周神经系统

动物运动离不开对环境的精细感知和对驱动精确调控。本节回答壁虎如何感知间脚底的接触状态和如何控制复杂的多自由度运动系统这两个问题。

2.5.1　壁虎四肢外周神经的解剖结构

用乙醚麻醉壁虎，在显微镜下解剖，切口前、后肢中枢端的皮肤，分离皮下组织和肌肉，得到控制壁虎前、后肢运动的各三根神经，分别命名为 NF1、NF2、NF3 和 NR1、NR2、NR3，壁虎的 5 个脚趾分别命名为 T1、T2、T3、T4 和 T5，其中脚趾 I（T1）的尖端没有爪。图 2.7 是壁虎右后肢的神经及其脚趾。图 2.8 是壁虎前、后肢神经分布的示意图。

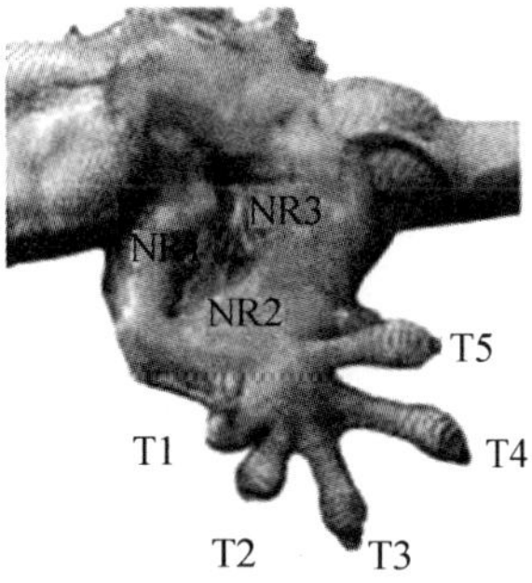

图 2.7　壁虎后肢的解剖图

目前尚不清楚神经结连接对神经信息传输的影响。下面是针对神经结外的 3 根神经开展的实验。

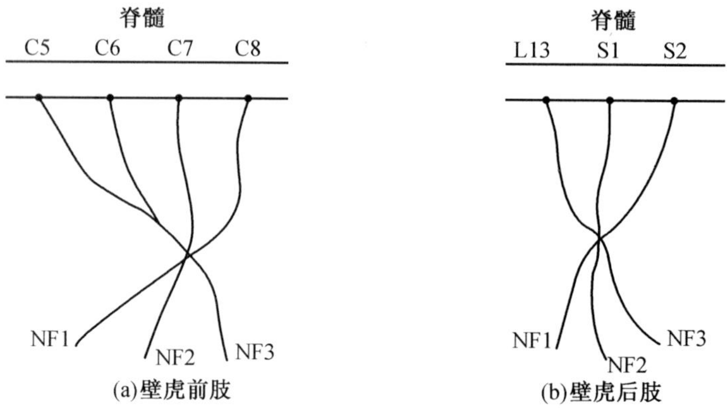

图 2.8 壁虎前肢和后肢的外周神经分布

2.5.2 外周神经对壁虎脚趾运动的支配

为揭示壁虎前、后肢神经对壁虎运动模式的控制关系，用 RM6240 系统分别刺激所分离的神经，观测神经与脚趾运动模式的关系。实验中所用的电刺激有两种：单刺激和串刺激。其中串刺激由 20 个单刺激构成，每个单刺激的方波宽度为 1 ms，幅度 0.3 ~0.4 V（电压幅值按最小阈值取定），间隔 20 ms。肢体神经支配脚趾运动的模式见表 2.5 及表 2.6。与串刺激相比，单刺激诱发的运动模式单一，参与反应的肌肉或脚趾数量和运动幅度较小，更能反映出该神经主要的运动功能。

表 2.5 刺激壁虎前肢神经对脚趾运动的调控

神经	刺激类型	参与反应的脚趾	脚趾运动模式
NF1	单刺激	3、4、5	抓地
	串刺激	2、3、4、5	抓地内收
NF2	单刺激	3、4、5	向外展开，抬足
	串刺激	3、4、5	抬足
NF3	单刺激	4	摆动
	串刺激	1、2、3、4、5	内收、摆动

表 2.6 刺激壁虎后肢神经对脚趾运动的调控

神经	刺激类型	参与反应的脚趾	脚趾运动模式
NR1	单刺激	4、5	抓地
	串刺激	2、3、4、5	抓地内收
NR2	单刺激	3、4、5	向外展开
	串刺激	3、4、5	向外展开、抬足
NR3	单刺激	4、5	抓地内收
	串刺激	4、5	抓地内收、摆动

结果表明,壁虎前、后肢的三根神经控制脚掌产生 3 种典型运动模式:外翻、抓地内收和摆动(图 2.9)。不同的运动模式由不同的神经(组)控制。壁虎左、右肢在同名神经控制下的运动模式相同,表明了壁虎左右肢体神经结构和功能具有对称性。

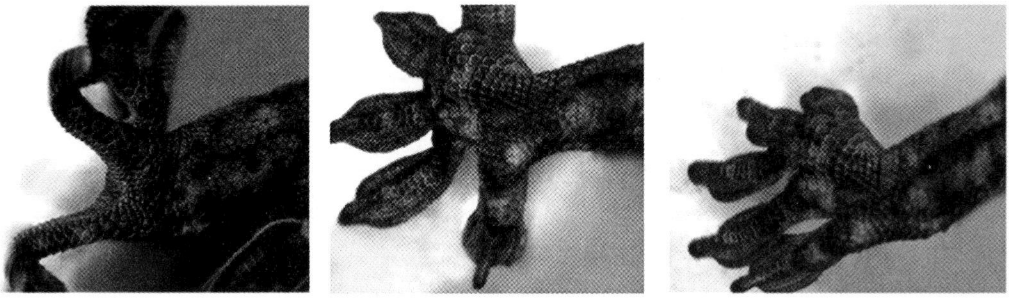

(a) 电刺激 NF2 脚趾外展　(b) 电刺激 NF2 脚趾内收　(c) 电刺激 NF2 脚趾摆动

图 2.9　壁虎脚趾运动的电刺激实现

2.5.3　外力作用下壁虎脚趾感觉信息的传入

为模拟观测壁虎运动过程中脚趾受力的信息传入,使用压力换能器对脚趾不同部位实施不同力度和方向的刺激,用 RM6240 系统记录外力作用下壁虎脚趾的神经传入冲动。对实验数据进行频率直方图统计,得到壁虎前、后肢各神经的放电频率图(图 2.10)。

当外力作用于壁虎脚趾时,前、后肢的神经均有传入冲动,放电频率可因刺激部位的不同而异:比较而言,NF1 传入冲动的频率较低,只有当外力作用于脚心和 T5 时放电频率稍高,T1、T2 放电频率低, T3、T4 无明显放电现象; NF2 传入冲动的频率较高,外力作用于脚心和 T3 ~ T5 均有较强的放电活动,T1、T2 放电不明显;NF3 传入冲动的频率较高,外力作用于脚心、T1、T2 和 T4 放电频率高,T3、T5 放电频率较低;NR1 的 T3 和 T5 的放电频率较高,脚心、T2 和 T4 次之,T1 无明显放电现象;NR2 的 T1、T2 放电频率高,脚心和 T4 次之,T3、T5 放电频率较低;NR3 的 T3 放电频率较高,T2、T5 次之,脚心、T1 和 T4 放电频率较低。

结果表明,放电频率与刺激部位相关,而与刺激强度的关系不明显。脚趾感觉传入的神经通路有一定的特异性。例如,后肢 T3 的感觉可经 NR1、NR2 和 NR3 不同程度地传入。这种特异性在前肢表现得更明显,NF1 感觉传入信息很少,NF2 和 NF3 则各有所侧重。脚趾的感受也有一定的重叠,一只脚趾的感觉可经不同的神经传入。

作用于脚趾的切向力(摩擦)方向对传入放电活动的影响:实验中发现,壁虎脚在爬行和攀缘过程中实现抓附和脱附两种运动行为时,脚与接触界面间力的作用方向不同,这种力方向的差异性与其抓附和脱附模式相适应。两种不同运动模式中的脚趾的感觉传入信息是否有所不同? 为此,按从内(脚心)向外(趾尖)和从外(趾尖)向内(脚心)的方向分别刺激壁虎脚趾,结果表明,力刺激方向不同,壁虎神经的放电形态也截然不同,如图 2.11 所示。

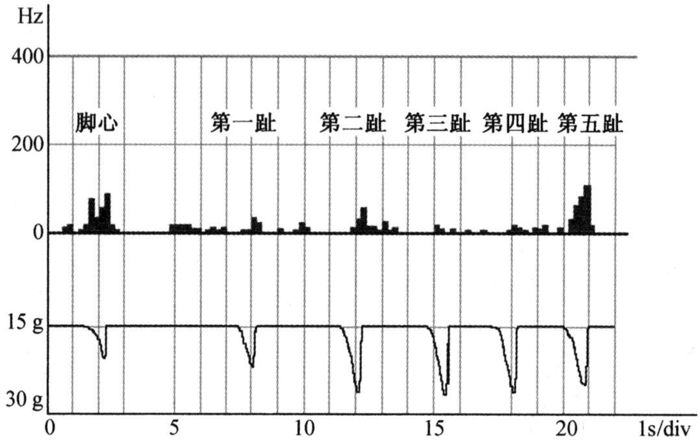

(a)壁虎上肢 NR1 放电频率图

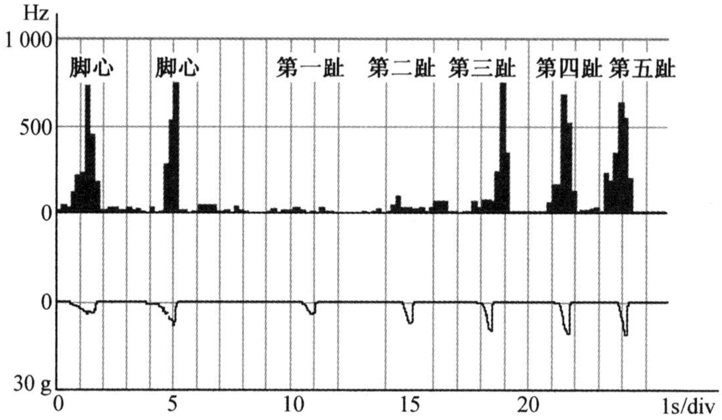

(b)壁虎上肢 NR2 放电频率图

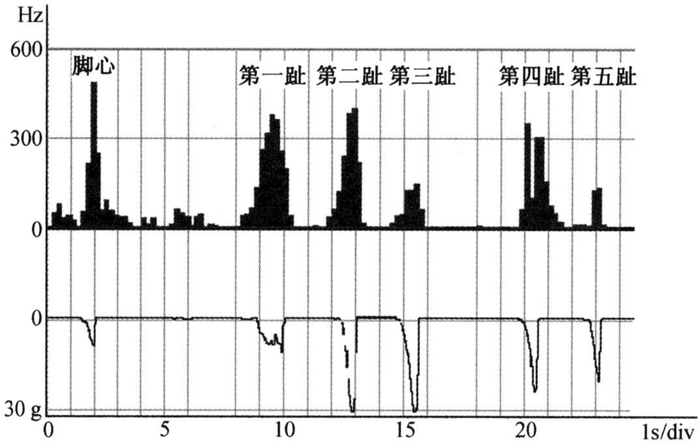

(c)壁虎上肢 NR3 放电频率图

图 2.10　壁虎前后肢外周神经对外力刺激的响应(一)

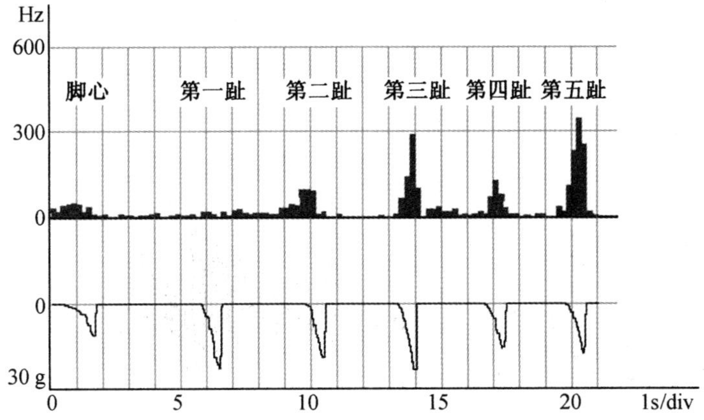

(d)壁虎下肢 NR1 放电频率图

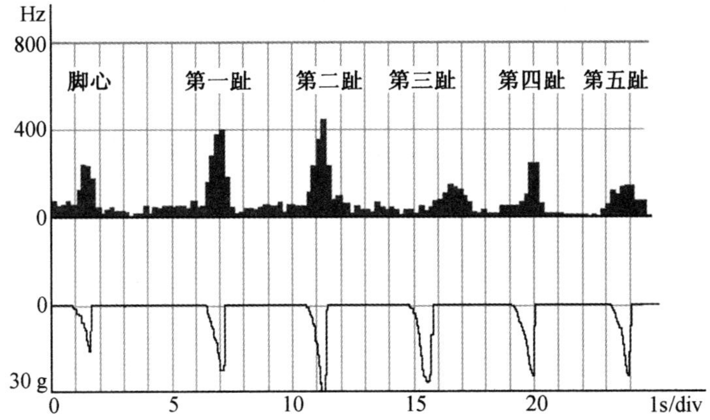

(e)壁虎下肢 NR2 放电频率图

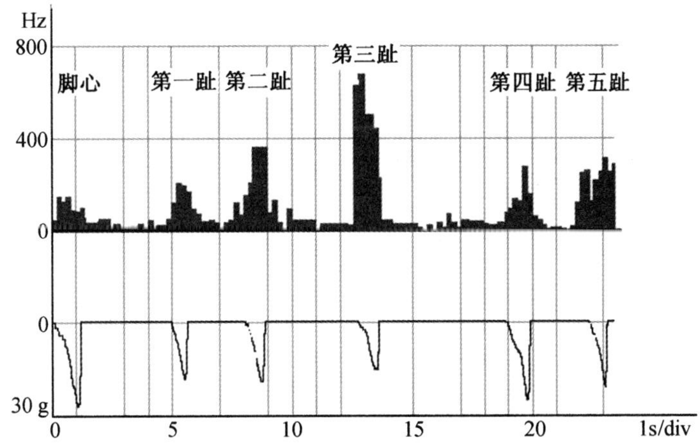

(f)壁虎下肢 NR3 放电频率图

图2.10　壁虎前后肢外周神经对外力刺激的响应(二)

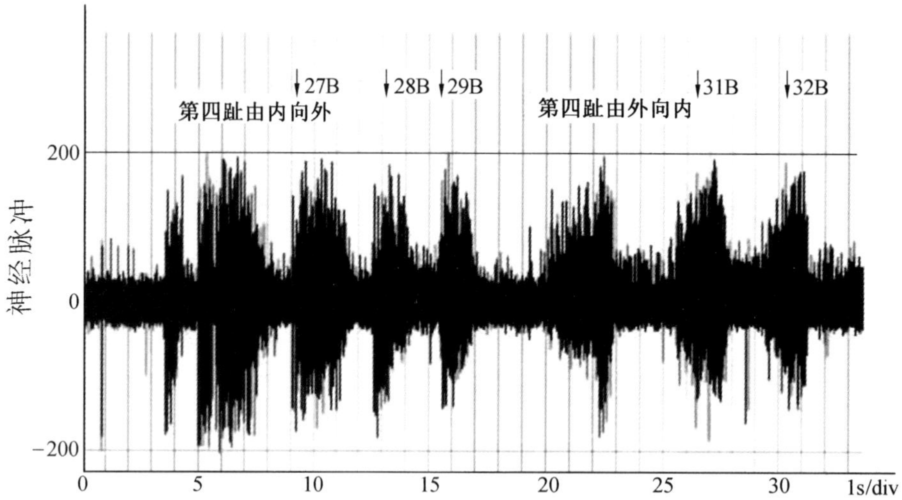

图 2.11　壁虎运动神经的放电形态与力刺激方向的关系图

当刺激方向由内向外时,壁虎的传入放电幅度由强逐渐减弱,呈“►”,摩擦脚心部放电幅度比摩擦趾尖部高;当刺激方向改为由外向内时,放电强度则由弱逐渐变强,呈“◄”,摩擦脚心部放电幅度比摩擦趾尖部高。结果表明,放电的幅度与摩擦的方向无关,因摩擦部位的不同而异,摩擦趾尖部的传入放电的幅度低;摩擦趾根(足心)部的传入放电的幅度高。

上述研究表明,壁虎对多自由度的脚趾运动控制具有简单、有效和明确的模式,该结果提示仿生壁虎机器人的研究,特别是复杂多自由度系统的控制依然可能具有简单的控制模式。壁虎对接触的力学状态具有精细的感知,这为壁虎实现复杂的运动提供了力反馈的基础。

第 3 章　壁虎运动力学测试系统与设备

动物运动力学的研究包括行为学研究和接触力学研究两个方面。大壁虎运动行为学研究包括大壁虎在地面、墙面和天花板表面运动时的步态行为如跨距、占空比、步频、跨步角等；接触力学研究大壁虎运动与附着状态下的单腿的三维接触力以及各腿间的力学协调规律。3.1 节回顾仿生运动步态研究进展；3.2 节介绍壁虎运动步态实验系统及设备；3.3 节回顾人体与动物运动接触力学研究进展；3.4 节重点介绍了我们研制的壁虎运动接触力学测试系统与设备，包括三维力传感器的研制、力传感器阵列设计以及相应的信号调节处理与采集的软、硬件等。

3.1　仿生运动步态研究进展

步态规划是仿生机器人研究时必不可少的内容，步态规划对于整体机构的运动特性及动力特性都有直接的影响，同时它也直接影响到控制方法及实施的难易程度。步态规划的好坏将直接影响到机器人运动的稳定性、美观性以及各关节所需驱动转矩的大小等多个方面[78,79]。

步态是指在运动过程中，步行者（人、动物或机器）的肢体在时间和空间上的一种协调关系，是腿的有规律的重复顺序和方式，即各腿的抬腿和放腿顺序。步态是研究步行机构的一个很重要的参数，它的稳定性、周期性和可操作性是步行机构实现稳定运行的基本前提[80]。

近年来随着仿生机器人的发展，国内外的科学家们在研究各种动物的爬行（步行或飞行）步态实验及机器人的步态规划与分析方面，取得了许多研究成果。

1997 年，Damme 等利用高速摄像系统对西班牙的两种爬壁壁虎（其中一种生活在岛上，另一种生活在大陆上）的爬行过程进行实验[81,82]。通过实验图片的处理得出不同速度下两种壁虎的步态特性（如占空系数、步距及步幅频率等），实验结果表明：两种西班牙爬壁壁虎的运动行为是不同的，同等条件下岛上的壁虎比大陆上的壁虎的爬行速度要小。高速摄像的记录显示不同的亚种具有不同的步态特性：大陆上的壁虎主要通过改变其步长来调整速度，而岛上的壁虎主要通过改变步幅的频率来调整速度。大陆上的壁虎的调整速度的方法使得该亚种的最大速度比岛上的亚种更高。Damme 等认为这两种亚种运动效率的不同是由于大陆与岛屿的掠食压力的不同而形成的，大陆上壁虎的天敌更多而且躲藏的机会较少。

2001 年，Zaaf 等人提出了一种用于拍摄大壁虎的地面及垂直壁面运动过程的实验系统。该实验系统由一个透明的玻璃通道（通道两边有两个可拆卸的封闭透气的木头箱子）及一套高速摄像系统组成[83]。采用两种不同的壁虎（豹纹守宫（Eublepharis macularius）及大守宫（Gekko gecko））共六只作为实验对象，通过对壁虎的地面及垂直壁面的爬行运动过程进行拍摄，得出两种不同壁虎的运动步态特性。通过比较地面及垂直壁面上壁虎的步态特性（步距、腿跨距、占空系数及爬行的角度等)与其爬行速度之间的关系。Zaaf 等人认为不同种类的壁虎在非习惯的壁面上运动时,其步态特性的变化不是由种类决定的;壁虎的步态特性并不因为生态环境的不同而有较大的区别;水平及垂直爬行速度的增加主要是由于步态频率(即一秒内的步态周期数)的增加引起的;生活在地面的壁虎(豹纹守宫)其步距及占空系数随着速度的变化而变化,而生活在壁面的壁虎(大守宫)其步距及占空系数并不随着速度的变化而变化;两种壁虎的腿跨距及爬行角度并不随着速度的变化而变化。除壁虎的步态研究外,国内外的科学家等对猫、狗、老鼠、蜘蛛、蟑螂等的步态也做了相应的实验研究[84~87]。

1998 年,程建等提出一种基于图像技术的三维运动学测量方法,并介绍由作者开发的一个实验系统[88]。该系统使用两台摄像机,它们分布于试验走道终端两侧。受试者身穿黑色紧身衣,标志物用白色塑料制成 2.5 ~3 mm 直径的半球,标志物粘贴于人的肩、肘、腕、髋、膝、踝、趾诸关节处。通过对实验所得的序列图像进行图像处理,得到人体各关节在行走过程中的运动轨迹、关节的速度、加速度、角速度、角加速度、步态周期、步速和步幅等步态特性参数。吕恬生等采用了一种实验系统对一般条件下的蛇爬行运动进行实验[89]。实验场地为较光滑的开阔水泥地,在水泥地面上画了网格作为映射基准(为建立起实验实物数据与录像图片数据之间的正确映射关系),网格单元为 200 mm×200 mm 的正方形。实验采用录像机以很高的拍摄速度(如 30 帧/s) 记录下蛇爬行运动中的一帧帧图像,借助适当的图像处理软件,将这些图像转换成一定格式的数字信息文件储存到计算机的硬盘上。然后在具有图像处理工具的界面下分析、测量蛇式运动图像,获得爬行运动中蛇体曲线的形成、变化过程以及蛇体运动的具体参数(如:蛇体波动频率,波的传播速度,蛇行平均名义直线速度等)。

上述有关步态的实验研究中,是通过构建一种实验系统,将实验对象(经过预处理,如:作标记点)置于特定的实验场景中,利用带有图像采集卡的摄像系统(便于将实验所得的图像或录像数据传入计算机中进行保存及处理)对实验对象的运动过程(爬行、飞行或游泳)进行拍摄。然后将实验结果(图片或录像)保存到计算机中进行处理及分析。

3.2 壁虎运动步态实验系统与设备

3.2.1 四足动物运动步态与步态参数

四足动物运动步态一般有对角小跑步态、三角步态和溜蹄步态等几种[90~95]。对角小跑步态是指四足动物运动时,处于对角线上的两腿如左前腿与右后腿或者右前腿与左后腿具有相同的运动相位,两腿的运动动作完全一样,同时抬起,同时放下,形成循环。三角步态是指四足动物运动时一条前腿先抬起并经过一次抬腿过程落地,接着与该前腿成对角线的后腿抬起经过一次抬腿落地过程;然后另一条前腿抬起并经过一次抬腿运动落地,最后与该前腿成对角线的后腿抬起并经过一次抬腿运动之后落地,如此反复运动。溜蹄步态是指四足动物运动时同侧的两腿同时着地及抬起,同侧的两腿着地的同时,另一侧的两腿同时抬起。

壁虎运动的步态研究的步距是指壁虎的四条腿按顺序依次完成一个跨步后，身体相对接触面移动的位移，单腿跨距是指壁虎的单条腿从抬起到落地过程中，足尖相对身体的位移，单腿步距是指壁虎的单条腿从抬起到落地过程中，身体相对地面的位移。单腿负荷因数指壁虎单条腿在地面支撑时间与四条腿做一次循环跨步时间（即一个运动周期）的比值[96,97]。

3.2.2　步态实验系统与设备

壁虎运动步态实验采用高速摄像机（每秒最高可达 1 000 帧）进行拍摄。使用高速摄像机以与大壁虎运动速度相适应的拍摄速度（具体调整）记录下大壁虎在几种不同的实验场景中（地面、垂直壁面及天花板）的爬行运动过程的一系列图像，并将这些图像储存到计算机中，然后利用专用的图像处理软件对大壁虎身上的关键标记点进行处理分析，得出大壁虎四条腿的相关运动数据，以便进行进一步的步态分析。实验系统如图 3.1 所示，实验中使用的实验场景为一个封闭通气的场景。场景中大壁虎沿着爬行的特定路径（木质板）爬行，爬行路径上标有坐标刻度（刻度单位为 10 mm，坐标刻度标记为 200 mm×800 mm 左右），以便对运动过程中的关键标记点进行准确捕捉；路径两旁放置有两面与水平方向（与爬行路径的平面平行）成 45°夹角的镜面（可以通过镜面中的成像获得大壁虎爬行过程中四条腿上的标记点在垂直方向上的运动变化情况）。路径两端用纸板（带有几个透气的小孔）封住。

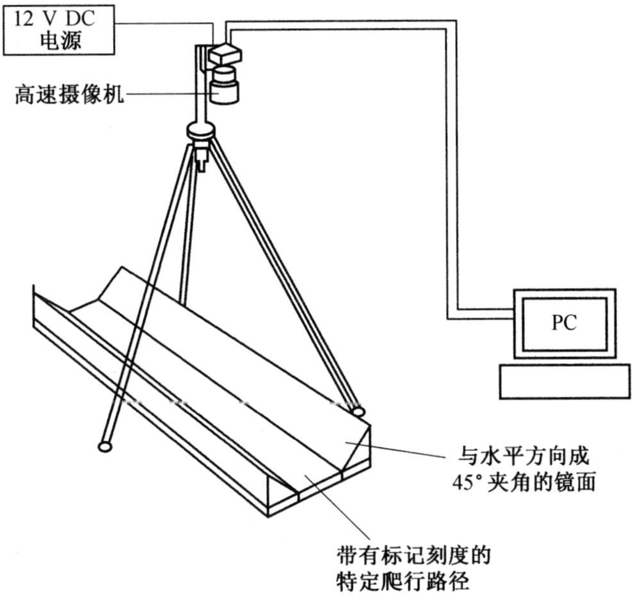

图 3.1　运动步态实验系统

实验所使用的高速摄像机由三部分组成，高速 CMOS 摄像机、转接圈与镜头。镜头为标准 35 mm 镜头（日本 Nikon），高速 CMOS 摄像机最高像素为 1 280×1 024（德国 Mikrotron MC1311）。

3.3 接触力学研究进展

在自然科学发展的历史中,实验方法的创新和实验仪器设备的研究/研制对揭示自然的奥秘、推动科学发展、验证科学理论具有非常重要的作用。原始创新的科学研究往往和实验方法的创新及实验仪器的研制互为依托,相互支持。没有原创性的课题和思路,就不可能有创新实验研究方法的开展和实验装备的发明;没有实验方法和装备的研究,就难以推进原创性研究的深入。同时很多实验仪器的研制还创造了巨大的市场。例如基因扩增仪(PCR)的发明,使Mullis获得1993年诺贝尔化学奖,1989年还被《科学》杂志确定为分子生物学的开始,同时仅美国生物系统公司一家,2005年的销售额就达到18亿美元[98]。Lindsay和Jing发明的原子力显微镜,为纳米尺度认识物质间的相互作用奠定了基础,且在全球拥有每年10亿美元的销售额[99]。

国内外生物运动力学及接触作用力测量技术研究的重点和热点是有关人体的运动力学。如已经开展的研究包括人滑倒/摔倒时的步态与反力[100]、肥胖者与正常人双脚接触力及其作用位置的变化[101]、奔跑状态下的肌肉疲劳[102]、人行走时脚掌各部分与地面的接触力[103,104]、人行走时由于鞋跟高度不同导致的接触冲击力的变化[105]、打太极拳时脚与地面的作用力[106]、行走时的地面作用力与脚后跟疼痛的关系[107]等。国内的研究紧密结合体育和医疗,张国华等研制用于运动员训练的双杠三维测力系统[108],取得了比较满意的结果。陆葵等用三维测力平台测量6例股骨头坏死病人手术前、后的步行的三维足-地接触力[109]。我国台湾的Chao等研制6维足力传感器,测量人在步行的不同阶段脚掌与接触面之间的接触反力,可同时获得接触力、步态等信息[110]。这些研究和实验设备的研制,为疾病治疗、体育健身等提供了有效的实验手段和理论依据。

多年来,科学家们从接触反力的角度研究壁虎、蜘蛛、昆虫等动物的运动力学和附着机理。与人体运动力相比,由于具有TDOF运动能力的动物的质量较小,所以壁虎、蜘蛛、昆虫等动物与附着表面的接触反力也较小。这就对用于测量接触反力的设备的精度和分辨率提出了很高的要求。研究人员设计了多种手段测试接触反力,如光学双折射凝胶技术、应变式力传感器技术和基于MEMS的微力传感器技术。

光学双折射凝胶技术[111]是将动物的附着测试表面做成一张约2 mm厚的凝胶薄板,将一个偏振滤光片置于光源和凝胶薄板之间,另一个偏振滤光片置于附着表面和照相机或显微镜之间(图3.2(a))。当动物附着在测试表面时,凝胶薄板上受到动物脚掌的力的作用,凝胶薄板产生变形。从而产生苜蓿叶状的双折射方式,苜蓿叶的面积和强度显示了接触反力的大小(图3.2(b))。用该原理制成的接触反力测试平台可以测量三维的接触反力,力的分辨率可以达到1 mN。

应变式力传感器是利用粘贴在弹性体上的电阻应变片,将弹性体的微小变化,转变成电量的变化,经放大器放大后显示和记录,从而得到力的大小。1981年,Heglund设计了一个用于测试接触反力的应变式力传感器平台[112](图3.3)。该平台的中心测力平面由四角的传感器

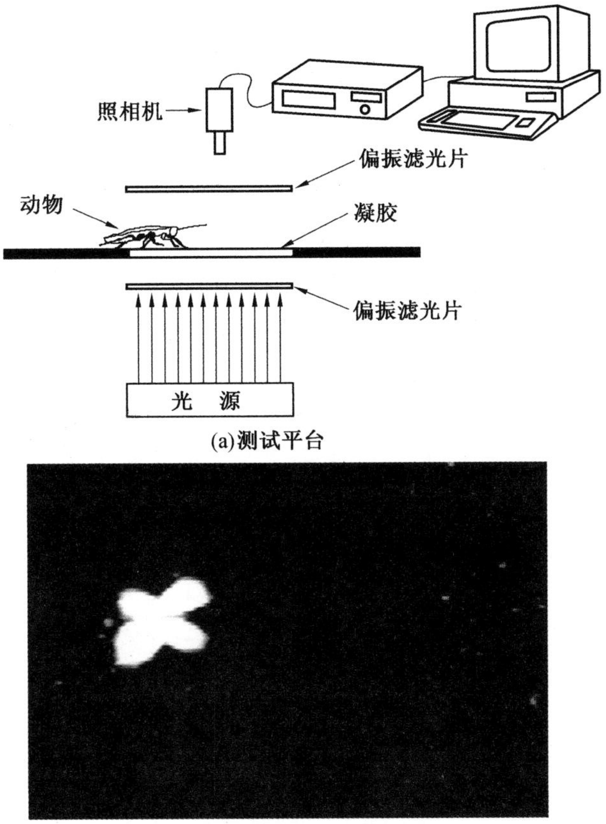

(a)测试平台

(b)苜蓿叶状双折射照片

图 3.2　基于光学双折射凝胶技术原理的动物接触反力测试[111]

单元支撑(图 3.3(a))。传感器单元的弹性体布置在相应的位置。每个弹性体在对称表面粘贴有应变计(图 3.3(b)),为悬臂式结构(图 3.3(c))。该测试平台为固有频率 170 Hz 的二维力传感器平台,接触反力的分辨率为 0.1 N。该测力平台可以测量小动物、人和马等动物的接触反力,直到今天仍然被用于动物接触反力测试[113,114,115]。

MEMS(Micro-Electro-Mechanical Systems)即微机电系统,是对微米/纳米材料进行加工、制造、测量和控制的技术。基于 MEMS 技术研制的微力传感器,就是利用微电子技术和微加工技术(包括硅体微加工、硅表面微加工、LIGA 和晶片键合等技术)相结合的制造工艺,制造出性能优异、微型化的传感器。该类传感器具有尺寸小、重量轻、功耗低、灵敏度高、批量大、一致性和重复性好的特点,因此,虽然 MEMS 技术及器件的发展历程并不很长,但在研究领域的广泛关注以及大量资金的投入下,其发展速度很快,已经研制出多种基于不同检测原理的 MEMS 微型传感器,其中一些已经商品化,如压力传感器、加速度传感器、倾角传感器等,尤其是一次性 MEMS 血压传感器已经成功应用于临床医学检测,并取得了良好的经济效益。近年来,基于 MEMS 技术的微力在动物接触反力测试方面也得到了越来越多地应用。Autumn 用于测试单根壁虎刚毛的黏附力的传感器就是由斯坦福大学和 IBM 加州研究中心共同研制的基于

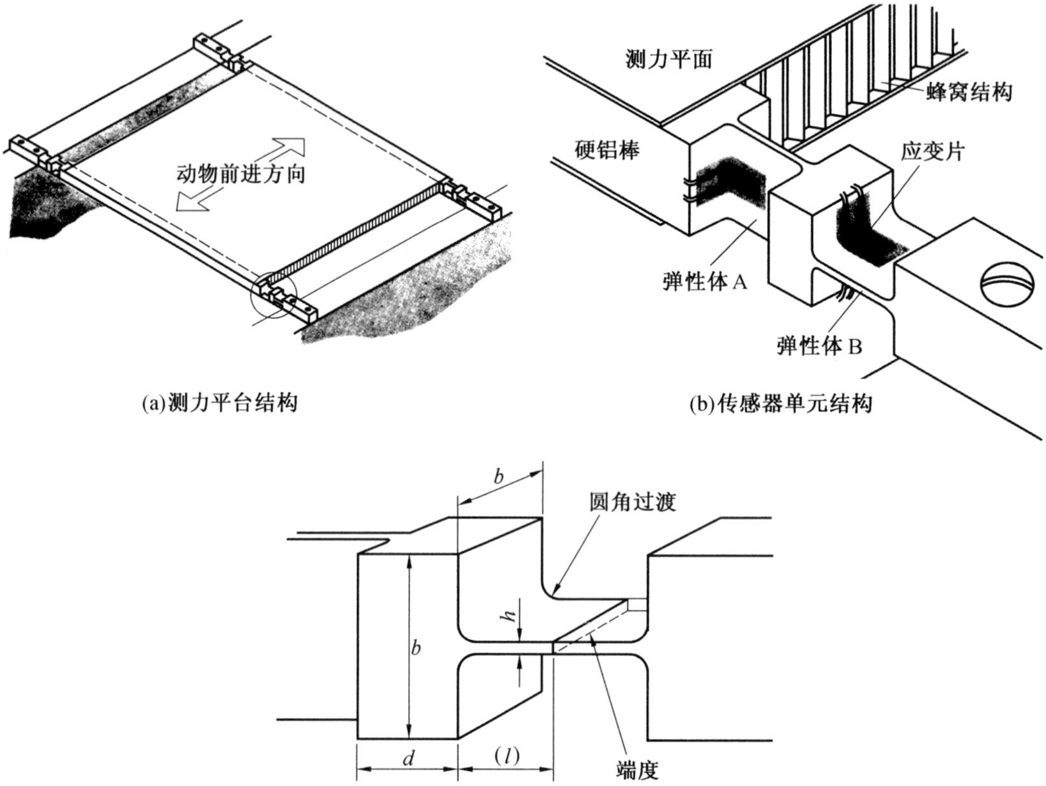

(a)测力平台结构 (b)传感器单元结构

(c)悬臂梁结构

图 3.3 二维应变式动物接触反应力测试平台[113]

MEMS 技术的二维压阻式微力传感器[59,60,116](图 3.4)。该传感器采用氧注入隔离工艺(SIMOX)制作在绝缘硅片(SOI)上。法向为一个很薄的三角形带针尖的微探针结构;侧向为四个细长的筋板结构。传感器灵敏度很高,能检测到低于 1 μN 的力,但测力点为只有一个直径数十纳米的硅尖。为了得到较高的灵敏度,支撑硅尖的悬臂梁结构十分细长。

美国加州大学伯克利分校的 Full 教授是动物运动力学研究的开拓者,研究了沙蟹、蚂蚁、蟑螂、甲虫、招潮蟹、蜈蚣、壁虎等动物的运动规律,为开展仿生学研究提供了重要理论依据[32,33,113,114,117]。1991 年,Full 将 Heglund 的二维应变式力传感器[112]改进为三维力传感器,测定了蟑螂单个脚掌接触反力,提出了六足动物运动时接触反力的产生机理与两足、四足、八足动物相同的观点[32,114]。1995 年,他用 Harris 的基于光学双折射凝胶技术原理的传感器[111]测量了蟑螂的接触反力,发现蟑螂右转时脚掌的接触反力是蟑螂向前快跑时脚掌接触反力的 8 倍[118]。2003 年,Full 用基于 MEMS 技术制作的多维微牛级压阻式传感器研究蟑螂、蚂蚁等在地面和壁面上的运动及其附着机理,测量了蚂蚁分别在地面和壁面上运动时的附着力[119,120]。

Irschick 等利用应变式力传感器研究了大壁虎、变色龙、石龙子靠两条前腿附着在垂直的有机玻璃面上黏附力[121]。Fry 等用基于 MEMS 技术制作的一维微牛级压阻式传感器研究了

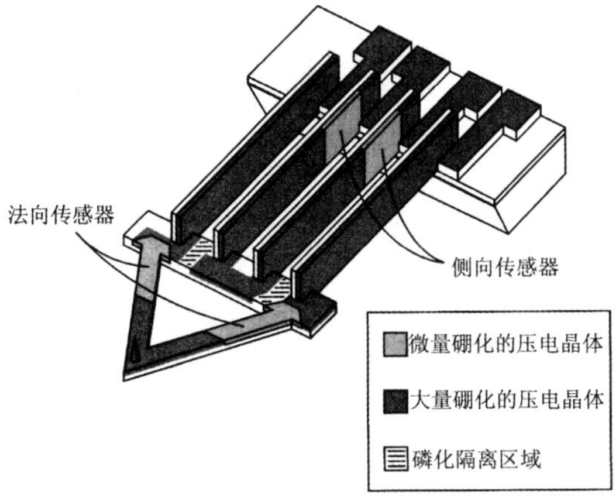

(a)二维微力传感器结构

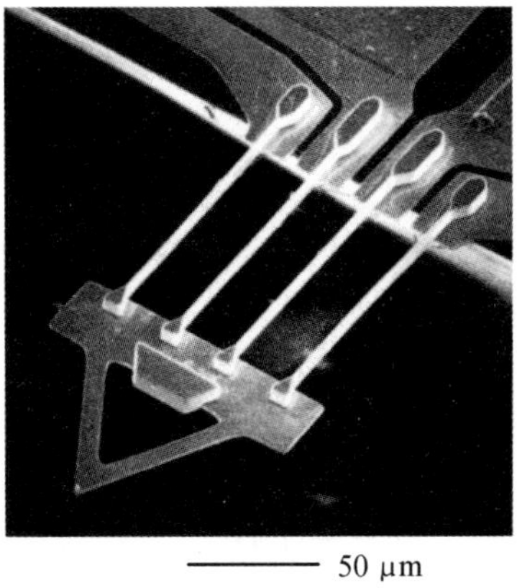

(b)二维传感器的 SEM 图

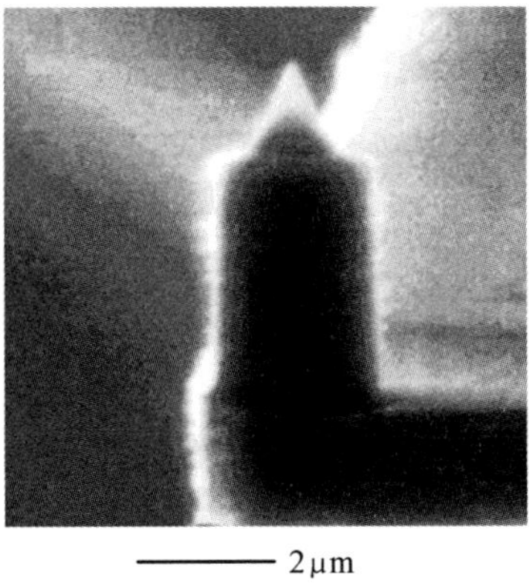

(c)二维微力传感器的微探针

图 3.4　基于 MEMS 技术的二维微力传感器[59,60,116]

果蝇的飞行特性[122]。Gorb 用二维光学微力传感器测定了苍蝇在天花板上时的接触反力,发现切向力是法向附着力的 4 倍以上[123]。

上述用于动物接触反力测试的三种类型的传感器中,基于光学双折射凝胶技术原理的传感器制作简单、成本较低、可以实现很高的分辨率(微牛级),但是其测量精度与相机的配置有关,而且标定时需要大量已知力的数据提供对照,所以传感器标定需耗费大量时间。随着微/纳米技术的发展,MEMS 微传感器由于其高的精度和分辨率(纳牛级),已经越来越多的用于动物运动力学研究,但是 MEMS 微传感器的制作工艺较为复杂,需要专门的设备制作,所以成本较高。而且 MEMS 传感器的结构尺寸很小,目前用于微力测试的多为二维微力传感器,很少见有三维的 MEMS 微力传感器用于壁虎、蜘蛛、昆虫的小动物的三维接触反力(法向力、侧向力和轴向力)的测试。基于电阻应变原理的应变式力传感器,结构简单、制作成本较低、易于标定,而且应变式力传感器可以制成多维(六维)的力传感器[124,125],根据实验动物的不同可以设计合适的弹性体结构,选择高精度的应变片,所以被广泛用于动物接触反力的测试。

3.4 壁虎运动接触力学测试系统与设备

3.4.1 接触力学测试主要设备

从上述研究成果和进展可以看出,生物力学测试系统的研制最关键是根据被测对象的特点,设计合适的力传感器,并将传感器用特殊的方式安装,使被测对象能够方便地与传感器接触。同时,传感器的量程,所测力的维数,必须符合测试的需求。例如前述 Autumn 所做的单根壁虎刚毛黏着力实验,首先根据壁虎的体重和脚掌上刚毛的数量,估算每根至少需要承担的黏着力的大小约为 20 μN。通过估算选择合适量程的传感器。为了研究一定预加载荷(垂直表面的法向力)与黏着力(平行与表面的力)之间的关系,所选用的传感器必须是二维力传感器。在选定传感单元之后,一个完整的测试系统还需要相应的信号调理电路(放大、滤波等)和 A/D(模拟/数字)转化电路,将传感单元输出的电信号转化为数字信息存入计算机中。如果需要综合研究生物在运动过程中与地面接触的各个脚掌之间的力学协调规律,还必须研制传感器测力阵列,即通过将多个多维力传感器按照生物运动过程中脚掌的空间位置合理排列传感器。通过研制脚掌接触力测试系统,获得生物爬行或行走过程中脚掌与表面之间的接触力变化规律,并通过摄像记录其各个阶段的步态特征,可以为爬行机器人研制过程中的步态规划提供客观依据。

3.4.2 三维力传感器设计

1. 三维力传感器的设计指标

将电阻应变片粘贴在特定结构的弹性体上,该结构的弹性体在外载荷作用下,安装在弹性体上的电阻应变敏感组件(应变片)将被测物理量(力、应变)转换为电阻变化,又通过变换电路将电阻变化转换为电压的变化。通过测量弹性体材料应变,对空间多维力进行测量的技术,近年来被广泛运用于机器人触觉传感、生物力学、竞技体育科研等领域。

壁虎地面反力测试用的三维力传感器,专门用于测量壁虎、蜘蛛等动物在各种不同表面爬行过程中,脚掌与表面之间的接触力的大小。根据对壁虎运动接触力的初步测试结果,质量在 1 000 mg 以内的大壁虎地面反力的最大值不超过 1 N,考虑传感器的应用范围主要集中在其满量程的 30% ~70%,所以传感器的设计量程确定为 0 ~1.5 N,精度为 0.5%;大壁虎的运动过程中受到的地面反力属于动态力,要求设计的三维力传感器具有一定的动态响应特性。

2. 三维力传感器的结构

由于被测对象属于毫牛级的三维接触力,弹性体在某些部位(应变片贴片位置)在承受载荷时能够产生足够大的应变量。同时,在测力范围内,弹性体在承受载荷后的变形不能太大,这对弹性体提出了刚度的要求。为了获知爬行过程中壁虎各个足之间如何协调配合,该传感器的结构外形必须适合在一定的面积范围内组成阵列,形成阵列中的一个测力单元。这又对传感器结构设计提出了空间尺寸的要求。该传感器由金属弹性体(硬铝合金 LY12CZ)、有机玻璃测力片以及弹性体上的金属应变片组成。弹性体是将外载荷(多维力)转换为应变量的部件,是整个传感器的基础,因此对弹性体的结构形式、材料、几何尺寸以至热处理等都需要精心设计和考虑。这些因素都对传感器的精度、线性度、灵敏度和稳定性等产生影响。

弹性体整体成倒T形(图3.5),垂直梁上部有一个腰形孔(用于减轻弹性体的重量,减小传感器重力对测量结果的影响),下部有两个在空间上相互垂直的H形通孔;水平梁上有两个H形通孔,两孔相对于垂直梁的中心线对称,弹性体上设计3处贴片位置(A、B、C)各贴有一组金属应变片,分别用于测量被测力的3个分量(F_x、F_y、F_z)。其中A、B处的垂直应变梁可以简化为一端固定的悬臂梁,如图3.6(a)所示;C处的水平应变梁则可简化成为双端固支梁,如图3.6(b)所示,图3.6(c)为应变片组成的惠斯通全桥电路。

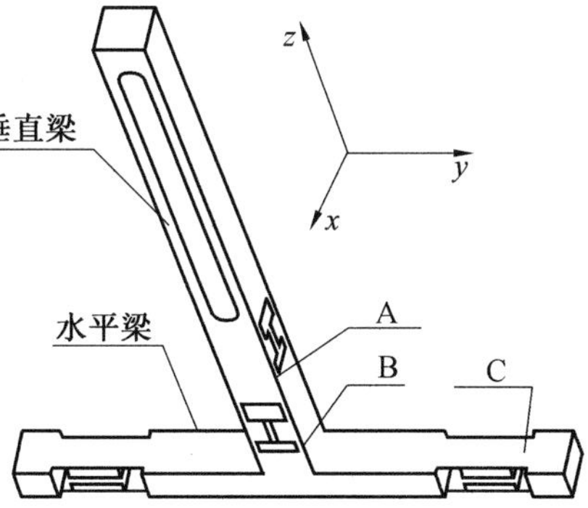

图3.5　传感器结构图

基于应变测量的多维力传感器在承受载荷时,其弹性体结构在贴片位置必须产生足够的应变量变化,即对被测力的某一个分量特别敏感。为了让很小的载荷在弹性体的3个贴片位置产生比较大的应变响应,该弹性体在贴片位置将截面设计成H形梁,这使得整个弹性体的最大应变主要集中在这3个贴片位置;垂直梁截面为正方形,水平梁为变截面的矩形梁,在水平梁中整个H形通孔的长度方向上进行了变截面处理,使得C贴片处产生较大的应变,H形孔有应变集中明显、灵敏度高、相对薄壁腰型孔和方孔易加工、自保护(H形孔中间的两个凸台的间距在设计时给定一个具体的尺寸,当作用力超过最大载荷时,凸台将靠在一起,从而减小了由于超载而产生的危险)等优点。弹性体加工过程中采用线切割工艺。

3. 三维力传感器的弹性体有限元分析

为了验证这种弹性体结构在测力范围(±1.5 N)内,是否能够满足设计要求,即在贴片位置产生足够大的应变量,同时弹性体变形量在允许的范围内,用有限元分析软件对弹性体做结构静力和动态分析。整个传感器由硬铝合金材料组成,硬铝合金杨氏模量 $E=72$ GPa,泊松比 $\mu=0.33$,密度 $\rho=2.78$ g/cm^3,通过自由网格划分,将几何模型转化为有限元物理模型(图3.7)。

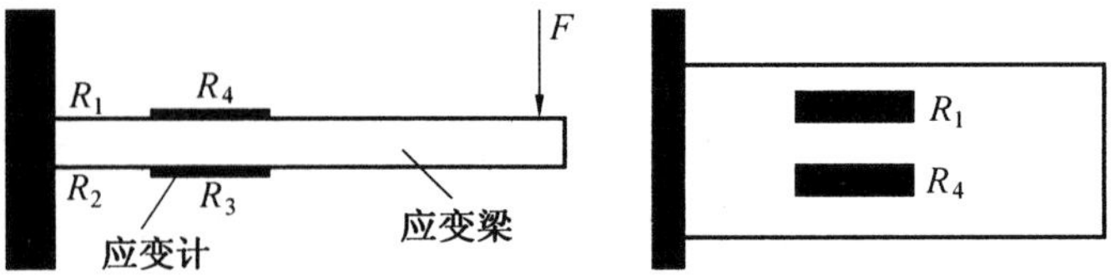

(a) A、B 应变梁侧视图（左）和俯视图（右）

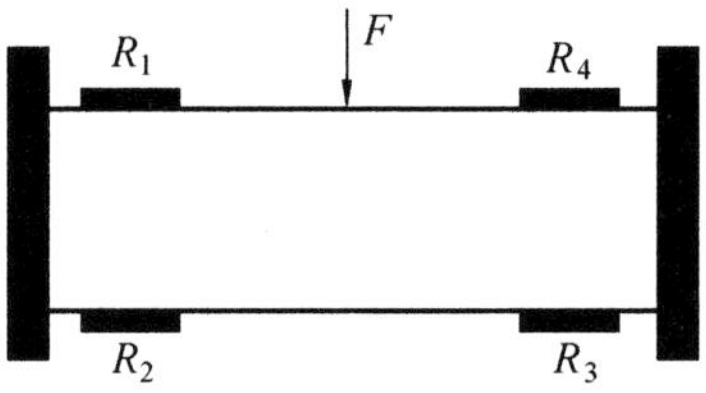

(b) C 应变梁侧视图

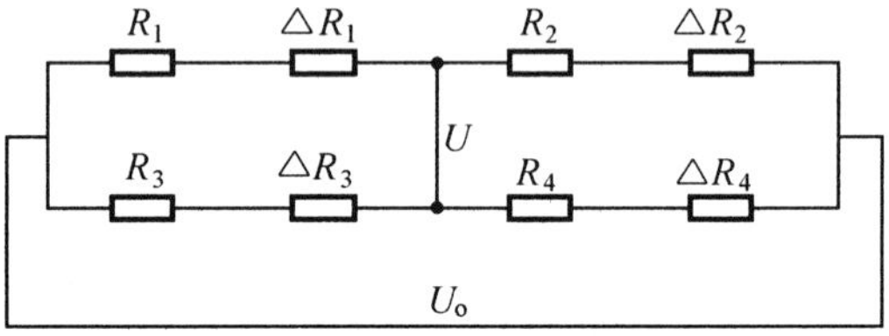

(c) 应变及电压输出电路

图 3.6

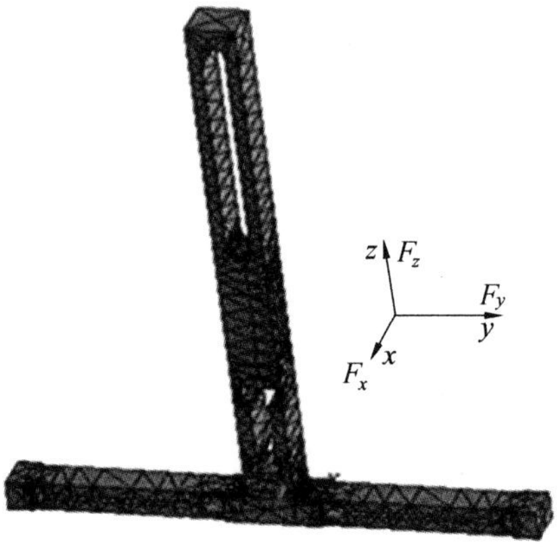

图 3.7　弹性体有限元模型

根据传感器安装固定的方式在水平梁两端面施加面约束，分别在垂直梁顶部中心施加满量程集中力载荷 $F_x=-1.5$ N、$F_y=-1.5$N、$F_z=-1.5$ N，受力的坐标轴如图 3.7 所示。分析结果如图 3.8 所示，(a)、(b)和(c)分别为加载 F_x、F_y 和 F_z 时，弹性体应变图（垂直梁中部分弹性体截去，便于局部应变轮廓图的表达）。图 3.8(a)表示 $F_x=-1.5$ N 作用下，弹性体沿 x 负方向倾斜，梁弯曲变形主要集中在 A 贴片位置，垂直梁 H 形孔外壁 1 处受拉，2 处受压。弹性体最大节点位移量为 0.861 mm。图 3.8(b)表示 $F_y=-1.5$ N 作用下，弹性体沿 y 负方向倾斜，水平梁在 C 贴片位置产生较大应变，但其变形主要集中在 B 贴片位置，垂直梁 H 形孔外壁 3 处受拉，4 处受压。弹性体最大节点位移量为 0.283 mm。图 3.8(c)表示 $F_z=-1.5$ N 作用下，弹

性体沿 z 负方向倾斜，水平梁在C贴片位置产生较大应变，其中H形孔外壁5、6处受拉，外壁7、8处受压，弹性体最大节点位移量为52.2 μm。

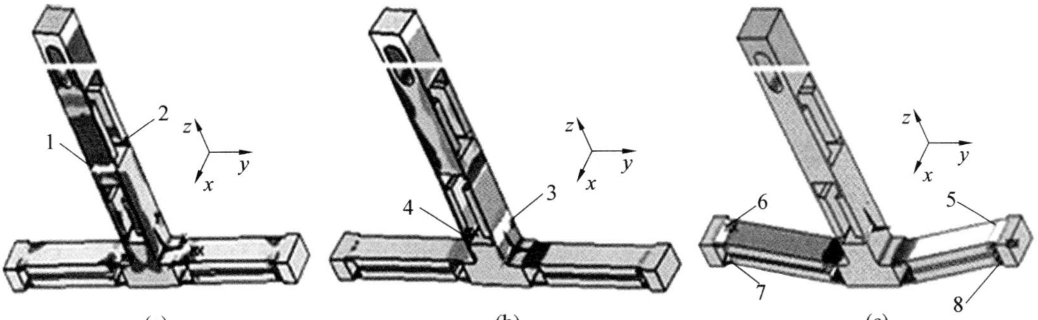

图3.8　弹性体应变图

通过有限元分析软件的模态分析功能，获得该三维传感器的前六阶固有频率和振型。见表3.1。根据其1阶固有频率的2/3来确定该传感器的工作频率带宽为0～185 Hz，属于低通型传感器。

表3.1　传感器固有频率和振型特征

阶　数	固有频率/Hz	振型特征
1	277.854	沿 x 向平动
2	455.788	沿 y 向平动
3	589.949	沿 z 向平动
4	1 545.20	沿 x 轴转动
5	2 708.38	沿 y 轴转动
6	4 424.54	沿 z 轴转动

4. 应变片选用与贴片

应变式传感器的优良性能，很大程度上与电阻片的性能分不开。应变片的选择原则是必须能满足测试精度要求，有一定的抗干扰能力且温度特性好，以保证高精度测试仪的长期稳定性。半导体电阻应变片以半导体晶体的压阻效应及晶向异性为基础，具有较高的灵敏度，这对于降低二次仪表电路的倍率以减少误差很有利，但其温度特性不好。金属电阻应变片的工作原理是粘贴在基体材料上的应变电阻随机械形变而产生阻值变化的现象，即电阻应变效应。金属应变片的灵敏系数一般在2左右，电阻和灵敏系数的温度稳定性好，能满足测试长期稳定性要求。相对前者，其灵敏度显得偏低。因此在三维力传感器上，选用金属应变片。

在选定硬铝为弹性体材料，优化结构参数以提高传感器灵敏度的前提下，为得到较好的温度稳定性，最后选用金属箔应变片，阻值为350 Ω。金属箔式片的丝栅尺寸小，形状任意、柔软、横向效应小，允许电流大，疲劳寿命高，蠕变及滞后好。应变式传感器制造中，常常发现同样的弹性组件，采用同样质量的应变片和胶水，如果粘贴方法、处理工艺和熟练程度不同，贴出传感器的质量也有很大的差异。应变式传感器的粘贴，通常包括下列工艺流程：表面处理（研磨和清洗)→弹性体上底胶(涂复或浸渍)→底胶固化→升温粘贴应变片→粘贴固化→上防潮层→(防潮层固化)→粘贴质量检查。

5. 应变片组桥

测量电路的作用是将应变片的电阻变化转换为电压(或电流)的变化。通常应变片的电阻变化是很小的,所以测量电路的输出信号(电压或电流)也极微弱。采用最常用的惠斯通电桥作为变换电路,用来测量应变片微小的阻值变化。

惠斯通电桥具有4个电阻,其中任一个都可以是应变片电阻。根据接入桥路的应变片电阻的数量和方式,可以分为全桥方式、半桥方式和单臂桥方式。全桥方式即在电桥的四个桥臂位置都接入应变片电阻。为了获得较高的测试灵敏度,选择全桥惠斯通电桥。相同条件下,全桥电路的输出是半桥的2倍,单臂桥的4倍。

组桥的应变片在名义阻值、灵敏度系数、温度系数要求一致,但实际上很难做到。尤其是对于金属应变片,灵敏系数、温度系数等参数的离散现象比较普遍,因此在选择应变片时,采用同一批次生产的应变片,尽可能保证相关性能参数的接近。通过将贴在正负应力区的应变片合理放置在全桥的各个桥臂上,可以适当的消除应变片温度效应对桥路输出的影响。

3.4.3 三维力传感器标定

应变式传感器的标定是传感器研制过程当中非常重要的一步,标定的意义在于将力与电压建立起线性关系,通过加载已知砝码,得出与其对应的电压,这样当传感器用于测试过程中时,加载未知力产生的电压可以通过标定系数转化力学量,通过标定可以得出传感器的灵敏度等参数指标。用于壁虎脚掌接触力测试的传感器标定采用悬挂砝码的方法进行标定,图3.9(a)、3.9(b)、3.9(c)分别为 F_y、F_z、F_x 方向标定示意图。

多维力传感器的标定问题归结为:由给定力向量 F 和采集应变输出电压向量 U,通过解耦算法,求系数解耦矩阵。因此,逐次在 x 轴、y 轴、z 轴方向施加载荷。保证 F 的逆矩阵存在的同时,由 $U=CF$ 可以得出 C_x、C_y、C_z。再利用解耦算法,去掉它们的维间耦合 $C=f(C_x、C_y、C_z)$。最后得标定后的系数解耦矩阵 C^{-1}。它是个列向量线性无关 3×3 的矩阵。因此,在实际测试时,可由采集到的电桥输出电压向量 U 得出向量 F。由 $F=C^{-1}U$ 就可以求出3个方向的力值,并可进一步通过向量运算求出合力值与合力的方向。

从传感器设计原理上讲,若 x、y、z 3个方向输出互不影响,桥路输出电压与力的关系为

$$\begin{bmatrix} U_x \\ U_y \\ U_z \end{bmatrix} = \begin{bmatrix} C_x & 0 & 0 \\ 0 & C_y & 0 \\ 0 & 0 & C_z \end{bmatrix} \begin{bmatrix} F_x \\ F_y \\ F_z \end{bmatrix} \tag{3.1}$$

而实际上三维输出并不一定是完全独立的,而是互相影响,即如前所述,存在所谓的维间耦合。桥路输出电压与力的关系应该为

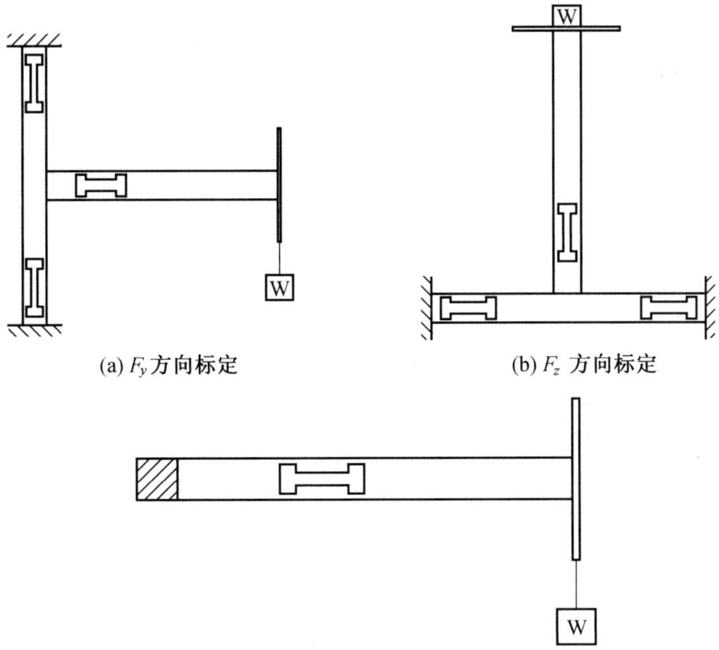

(a) F_y 方向标定　(b) F_z 方向标定

(c) F_x 方向标定

图 3.9　方向标定

$$\begin{bmatrix} U_x \\ U_y \\ U_z \end{bmatrix} = \begin{bmatrix} C_{xx} & C_{yy} & C_{xz} \\ C_{yx} & C_{yy} & C_{yz} \\ C_{zx} & C_{zy} & C_{zz} \end{bmatrix} \begin{bmatrix} F_x \\ F_y \\ F_z \end{bmatrix} \tag{3.2}$$

其中 U 为输出电压向量，C 为标定系数矩阵，F 为负载力向量。标定系数矩阵 C 可以通过标定获得。其元素 C_{xy} 的物理意义是在 y 方向加单位载荷力，在 x 方向上的电压输出值。

因此，需要轮换在 x、y、z 方向上施加一组已知的定值载荷。每次加载时都必须记录3个桥路的输出电压值。通过标定获得 9 条传感器桥路静态特性曲线（F_x 方向加载时，3 组桥路输出电压静态特性曲线；F_y 方向加载时，3 组桥路输出电压静态特性曲线；F_z 方向加载时，3 组桥路输出电压静态特性曲线），将静态特性曲线通过最小二乘法拟合成一条直线，将直线方程转化为 $y = kx + b$ 的形式。该直线的斜率 k，对应标定系数矩阵中9个系数中的一个。获得标定系数矩阵，再对该矩阵求逆，即获得相关的灵敏系数矩阵。在实际测试时，可由采集到的电桥输出电压向量 U 得出向量 F，就可以完成标定的工作，图3.10(a)、3.10(b)、3.10(c) 分别为 F_x、F_y、F_z 方向加载、卸载时对应的应变与电压关系图。

在 A 贴片处，只对切向力分量 F_x 敏感，B 贴片处，只对横向力 F_y 分量敏感，但是 C 贴片处，由于法向力分量 F_z 和横向力分量 F_y 都在该位置产生弯矩，由于采用了不同的布片方法，使得该组电桥输出信号对法向力的分量较为敏感。尽管采取了不同的结构形式和布片方法，但是桥路的输出信号出现维间数据耦合的情况是不可以避免的，只能尽量的减小维间数据耦合。在传感器使用之前通过标定，获得解耦矩阵 C，即

$$U = CF \tag{3.3}$$

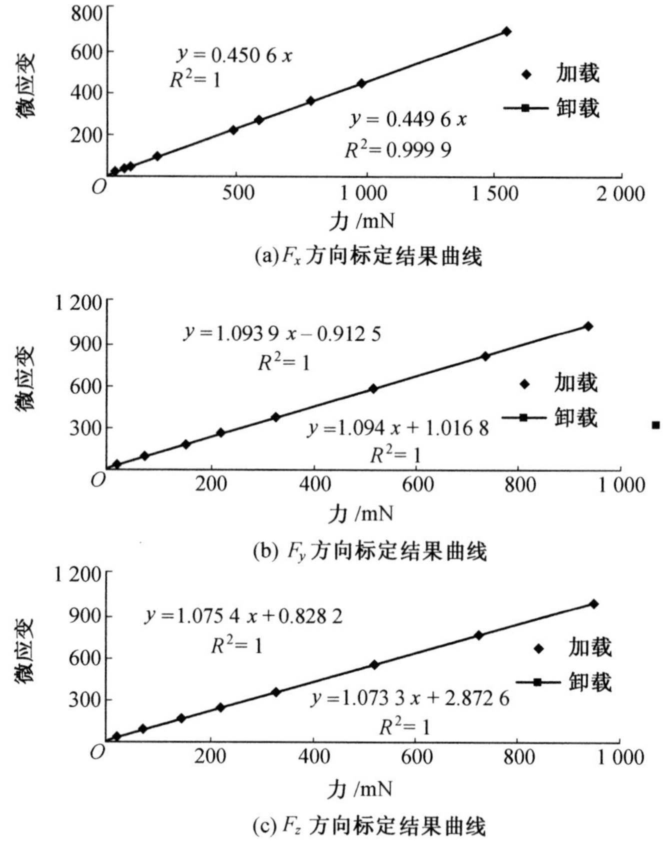

(a) F_x 方向标定结果曲线

(b) F_y 方向标定结果曲线

(c) F_z 方向标定结果曲线

图 3.10 方向标定结果曲线

式中：U 为传感器贴片处的应变输出值，C 为解耦矩阵，F 为传感器的载入力。实验标定后

$$C=\begin{bmatrix} -0.448\,5 & 0.016\,7 & -0.011\,6 \\ 0.007\,9 & 1.094\,0 & -0.015\,7 \\ -0.010\,8 & -0.018\,3 & 1.074\,3 \end{bmatrix} \tag{3.4}$$

这样可得式(3.3) 为

$$\begin{bmatrix} U_x \\ U_y \\ U_z \end{bmatrix}=\begin{bmatrix} -0.448\,5 & 0.016\,7 & -0.011\,6 \\ 0.007\,9 & 1.094\,0 & -0.015\,7 \\ -0.010\,8 & -0.018\,3 & 1.074\,3 \end{bmatrix}\begin{bmatrix} F_x \\ F_y \\ F_z \end{bmatrix} \tag{3.5}$$

公式中 C_{xy} 物理意义为单独施加单位载荷 F_y 之后输出的应变值 U_x，单位为 $\mu\varepsilon/\mathrm{mN}$。在测试软件中，根据测得的桥路输出应变值 U_x 和标定获得的解耦矩阵 C，可以通过求解方程得到力向量 F 的 3 个分量。传感器标定结果如表 3.2 所示。

表3.2 传感器标定结果

方向	测量范围	分辨力	非线性度/(%FS)	滞后/(%FS)	重复性/(%FS)	精确度/(%FS)
法向力	0.003～1.5 N	3 mN	0.11	0.25	0.22	±0.44
切向力	0.001～1.5 N	1 mN	0.12	0.22	0.23	±0.41
横向力	0.001～1.5 N	1 mN	0.11	0.24	0.21	±0.43

3.4.4 三维力传感器阵列

1. 研制三维力传感器阵列的意义

单个传感器的壁虎脚掌接触力测试实验，只能测到壁虎爬行过程中，某一脚掌与表面接触时的三维接触力。如果想要同时测试壁虎与表面接触的各个脚掌受到的地面反力。因此，需要用到多个传感器。传感器的测力片上表面作为接触表面的一部分，在一定面积内组成传感器阵列。期望壁虎爬过该阵列时，与表面接触的每一个脚都踩在阵列的不同传感器上。而这些传感器彼此必须互不干涉。独立地、同步地输出该测力点的三维力信息随时间的变化规律。研制了用于壁虎爬行脚掌三维接触力测试的传感器阵列。

2. 三维力传感器阵列的设计

成年壁虎静止状态下前后腿的最大间距约为65 mm左右，双腿张开时宽度略小于前后腿的最大间距。在爬行过程中，由于壁虎向前迈步，最前面的腿和最后面的腿之间的距离可能会更大一点。我们选择了16个三维力传感器，按照一定方式排列，使其传感器垂直梁上的测力片在一定范围内组成阵列。在这么大的面积范围内，壁虎爬过阵列时，可以保证大部分的脚掌落地时都能踩在测力片上。

由于传感器受载之后会发生变形，使得垂直梁上端的测力片发生位移。如果位移过大，就会造成两个紧挨的测力片互相之间发生碰撞。碰撞的发生会造成相邻传感器之间获得的数据彼此不独立。因此，相邻测力片之间的间隔距离需要合理安排。经过前面结构有限元分析的计算结果：当测力片上表面沿 x 方向受横向力最大载荷1.5 N时，测力片沿 x 方向位移为0.86 mm；当测力片上表面沿 y 方向受切向力最大载荷1.5 N时，测力片沿 y 方向位移为0.28 mm。阵列上测力片的实际边长为30 mm，两个相邻的测力片之间的间距为1 mm，保证满量程加载情况下测力片不会发生碰撞。

阵列的大小和规模确定后，传感器的安放形式是非常重要的因素，会影响整个阵列是否能够有效的工作。如图3.11所示，为第一组方案，传感器顶端的测力片形成4×4的阵列，这对传感器水平梁的长度有了一定的要求，相邻传感器上的测力片的间距为1 mm，这样倒T形结构传感器只能使水平梁相互垂直放置，考虑到传感器的定位与调节，传感器组成4×4阵列后，各传感器的间距确定下来,对于个体不同的壁虎进行实验时,壁虎脚掌踩到传感器测力片的几率会减小,而且传感器阵列的长度也不够壁虎爬行一个周期。

图 3.11 4×4 传感器测试阵列方案一

图 3.12 所示为第二组方案。阵列中间的 16 个测力片依然和第一个方案一样,但是传感器则是按照 2×8 均匀间隔排列开。全部传感器分两列平行分布。最终采用这种传感器的布局方式,此方案中两列传感器之间安装位置可以平行调节,当传感器的弹性在加工过程中出现微小的形状尺寸误差,或是在贴片、运输、安装过程中出现微小的变形,都会影响原先设计的测力片的位置尺寸。造成测力片位置混乱,相邻测力片碰撞甚至位置重叠的情况。由于传感器的量程非常小,无法再通过机械手段修正其形状误差。因此,需要传感器安装的位置能够尽可能的分散开,必要时在机架上设计位置调整装置。

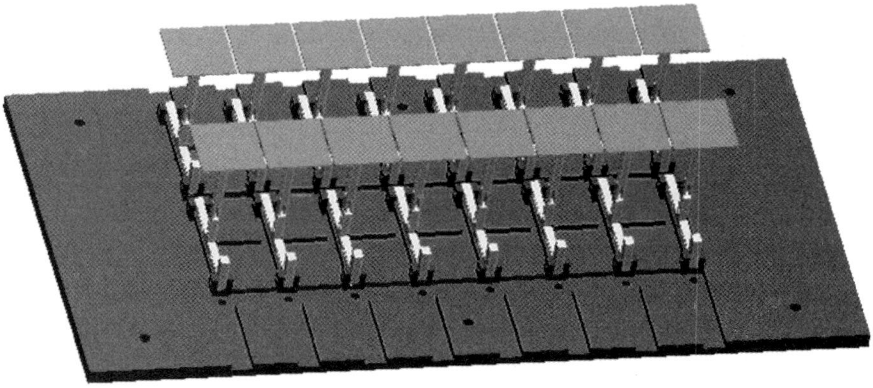

图 3.12 2×8 传感器测试阵列方案二

在确定了测力片大小、阵列的规模、测力片之间间距和传感器的结构尺寸之后,首先将传感器安装完成后,测力片之间应该具备的位置关系确定下来。然后将传感器的外形轮廓图作为图块逐个放入,不断平移和旋转角度变换调整传感器在机架上的固定位置,使得传感器在机架上的固定位置尽可能准确,但中间测力片的相对位置不发生变化。最后确定详细的位置尺寸,即得到方案二的安装布局。

3. 三维力传感器阵列夹具及限位保护装置

为了让作用在测力片上表面的小载荷能够在弹性体的贴片位置产生足够大的变形量，三维力传感器采用了两处薄截面的悬臂梁结构。这些薄悬臂梁结构的应用在获得比较高的灵敏度的同时，也使得整个弹性体结构的刚度降低了。对于电阻应变式传感器而言，灵敏度和刚度的要求往往很难兼顾。特别是对于 0.3 ~ 0.4 mm 这么薄的截面而言，传感器在加工、装夹、贴片等过程，易发生变形。测力片悬臂梁的误差放大作用，在 H 形孔处微小的变形，会变成测力片前端较大的位移，影响了测力片的安装位置。因此，需要对传感器的安装位置做一定的位置调整。根据弹性体变形的特点，在机架底板很小的空间范围内，在底板上设计了一个传感器可以前后、左右方向平动的槽，也可以绕 z 轴微小的转动，传感器安装在该底板装置上，通过底板固定在机架上，传感器装夹如图 3.13 所示。

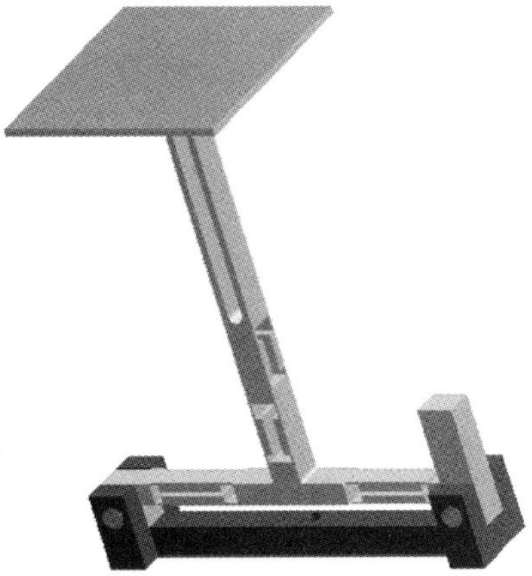

图 3.13　传感器装夹图

由于传感器灵敏度高，测量的力比较小，刚度较低。因此有必要实施过载保护。限位的位置选择在有机玻璃片前端，主要限制阵列切向和横向力方向（F_x、F_y 方向）的超载。当切向和横向力过大时，弹性体垂直梁上端的有机玻璃片就会相互的接触，这样位移就会传递到壁虎运动底板所开孔的边缘，通过传感器与传感器以及壁虎运动底板的间距控制来进行限位，使得薄截面贴片位置及应变片不会因为过载而损坏；法向力（F_y 方向）方向通过固定传感器夹具的螺钉进行限位保护。传感器在 3 个方向满量程加载情况下的挠度是可以在有限元软件中通过静力结构分析求得的。但是由于计算过程中输入的力学参数（杨氏弹性模量、泊松比、密度等）与实际值之间存在误差，即弹性体不可避免地存在着形状尺寸误差。因此，限位位置处弹性体与限位件的间隙尺寸不能完全取决于计算结果。传感器和夹具装配后形成一个整体，通过调节传感器的位置来限制测力片之间的距离，即调整弹性体与限位件间的间隙尺寸。正常工作时，将该间隙调整为 1 mm 左右。

大壁虎在运动过程中，为提高实验的可行性，要求大壁虎能沿着一定的路径自由运动。大壁虎运动时股骨相对于身体的转动为 −80° ~ 80°，胫骨相对于股骨的转动为 60° ~ 150°，脚掌相对于胫骨有转动[74]，因此大壁虎的运动方式不仅是对角步态而且脚掌相对于身体有转动，即身体在左右运动的过程中向前运动，则大壁虎运动所需的宽度大于大壁虎前脚或者后脚的最大跨距。因此设计的大壁虎运动通道首先必须满足大壁虎能自由运动，运动通道的长高宽都不能小于大壁虎一个运动步态所需要的尺度。由于大壁虎个体大小有差异，假如通道宽度过宽，体格小一点的壁虎就会在通道里调头或转圈，为更好地使大壁虎能沿着一定的路径自由运动，要求大壁虎运动通道的宽高的尺度均可调。通道的宽度通过一个滑槽机构允许通道两侧的挡板左右调节，通道的高度通过螺栓和弹簧结构运动调节上方有机玻璃挡板的高度。

3.4.5 信号调理与数据采集

1. 信号调理

应变式三维力传感器阵列的 16 个传感器共有 48 路惠斯登电桥电路，即传感器阵列需要 48 路的电压激励和 48 个通道的传感器输出信号调理电路。多通道的传感器输出电压信号为毫伏级的微弱信号，极易受噪声影响，因此在将输出电压信号进行模/数转换之前要先进行放大、滤波或隔离等预处理，即信号调理。常见的信号调理类型有放大、隔离、滤波、传感器激励、线性化等。

2. 信号调理设备

在对国内外相关研究课题和仪器设备供应商进行调研之后，选择了美国 NI 公司的应变信号调理系统作为三维力传感器阵列的信号调理装置，包括 6 块通用应变测量模块（每个模块 8 个通道，共 48 通道）。每块通用应变测量模块可以实现 8 组独立桥路的信号调理，桥路的供桥激励电压由模块内的程控电源提供，8 组桥路的供桥电源彼此独立，供桥电压可设定为 0 ~ 10 V内的 17 个级别，输出非常稳定。除实现信号放大的功能外，还带有低通滤波功能。通过使用截止频率为 10 Hz 的低通滤波以及稳定的激励电源，可以有效提高信号的信噪比。采集信号的同步是传感器阵列测试中非常重要的一个环节。通用应变测量模块能提供供电电压、对输入的传感器信号进行调理放大。

信号调理电路做前端信号调理时，向数据采集设备传递数据有两种基本的操作模式即多路复用模式和并行模式[128]。采用多路复用模式时信号调理设备的所有输入通道都被复合到一个通道输出。在缺省情况下，以差分方式输出到数据采集设备的 0 通道。如果机箱中装有多个模块（如 SCXI-1001 机箱内部的 6 块 SCXI-1520 模块），则只需要将一个模块直接连接到数据采集设备（A/D 卡），数据采集设备可以通过信号调理设备总线访问机箱中的其他模块。配合 PCI-6052E 数据采集卡，在多路复用模式下，可以实现多通道的同步采样。

数据采集应变式三维力传感器阵列的 48 通道的数据采集硬件为 NI 公司的 PCI-6052E 数据采集卡，数据采集软件为该公司 LabVIEW 开发环境下编写的专用于三维力传感器阵列的 48 通道的数据采集的程序。

LabVIEW 是 NI 公司推出的一个图形化软件开发环境，在测控系统的开发领域有非常大的优势。它不仅提供了几乎所有经典的信号处理函数和大量现代的高级信号分析工具，而且 LabVIEW 程序还非常容易和各种数据采集硬件集成。在 LabVIEW 环境中开发的一个程序叫做 Virtual Instrument（简称 VI），即虚拟仪器。虚拟仪器是一种具有传统的独立仪器功能的硬件与软件的组合，由一个用户接口的前面板和一个框图程序组成。使用 LabVIEW 开发虚拟仪器最大的好处就是提高开发的效率。在动物运动力学测试系统的研制过程中使用的是 LabVIEW 6.1版本，完成了多个不同功能和设备的数据采集程序。

动物运动力学实验测试程序整体上可以分成 3 个模块即开始采集模块、初始化模块、实验数据采集与保存模块。

开始采集模块中，首先建立 48 个虚拟通道，这些通道是按照一定的顺序组成的一维数组，称为虚拟通道列表。16 个传感器的 48 路信号对应一维数组的 48 个虚拟通道。通道列表建立后，对数据采集的设备和相关计算机资源进行配置。配置完成后，开始数据采集的工作。采用带缓冲区的连续循环采集，即采集数据时，每次只在缓冲区的一部分放入数据。当到达缓冲区顶部再次填充同一个缓冲区。与此同时，缓冲区中的数据一块一块被读出。因此必须合理设置缓冲区大小、扫描率和一次读取的扫描数这 3 个参数。通常情况下，缓冲区必须足够大，至少必须是每秒采样容量的 2 倍以上，在数据采集程序中，我们都将缓冲区设置为每秒钟扫描的数据容量的 4 倍。一次读取得扫描数设为每秒钟扫描数的一半。

在开始采集阶段，程序只是将各个通道实际采集到的电压信号以数据图线的形式在前面板上显示出来，采集到的数据没有做任何的处理，也没有保存。在这个阶段，可以检查各个传感器和测试系统是否正常工作。前面板中 16 个显示控件（示波器控件）中，白、红、绿三种颜色的曲线，分别代表每个传感器 z、y、x 方向输出信号（图 3.14，组成阵列的传感器上载荷作用时，才有数据曲线变化）。

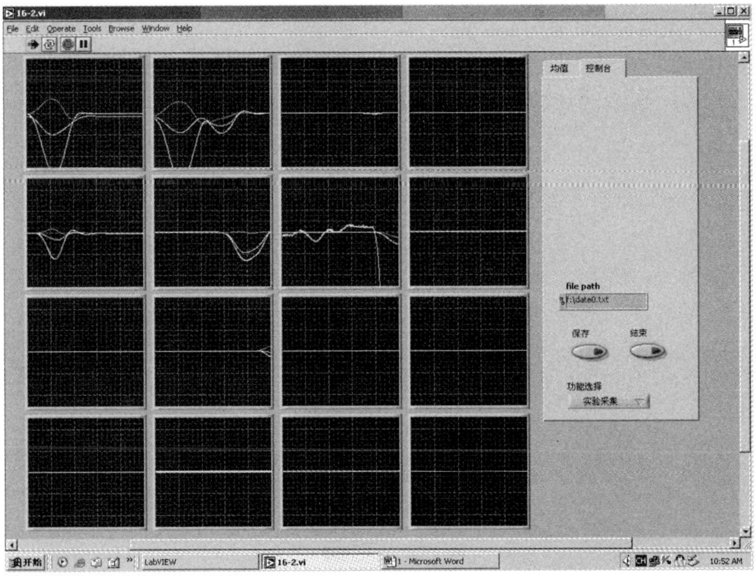

图 3.14　动物运动力学测试系统实验程序界面图

初始化模块的作用是通过采集一定量的传感器阵列空载时的初始数据,求每个通道采集到的数据的平均值,作为该通道的零点输出值,保存在程序的 48 个局部变量里。留待数据采集与保存模块中测得的数据减去零点输出值,用于后期处理、显示和保存等。

实验数据采集与保存模块中,在 LabVIEW 程序中使用移位寄存器,设置内存中的数据队列,这样保存的数据是触发数据时刻前 8 s 内采集到的数据。使用保存数据的方法后,可以凭实验人员观察动物与阵列表面的接触过程来判断实验数据的有效性,从而决定是否触发数据采集与保存。这样可以提高实验效率,在有限的时间内获得大量的有效实验数据。

第4章　壁虎在水平地面/垂直墙面/天花板表面运动步态

壁虎经过长期的进化而选择了适合其生存的运动模式。壁虎运动过程肢体的弯曲是身体动能与势能的转换。其特有的变化规律与四肢的协调运动提高了壁虎运动的适应性和效率。因此,研究大壁虎的体态及其与步态的相关性对仿壁虎机器人的设计、步态规划和控制具有重要指导作用。4.1 节介绍壁虎在水平地面、垂直墙面和天花板表面运动步态实验过程;4.2 节介绍实验数据处理方法;4.3 节分析讨论了壁虎在不同坡度上的运动步态,并通过关节角度相图分析比较了壁虎在水平地面和垂直墙面运动的步态关系。

4.1　实验过程

实验前,先在大壁虎的大腿根(髋关节)、膝盖(膝关节)、脚踝(踝关节)以及大壁虎的背脊等处涂上反光漆作为标记点,标记点的大小为约5×5 像素,如图4.1 所示。固定好高速摄像机,调整高速摄像机的位置,使得高速摄像机拍摄到的场景长度至少为大壁虎的3 个完整的步态周期所爬行的距离。设置高速摄像机的相关参数,调节高速摄像机的焦距及曝光度,并调整光源投射的适当角度及距离以改善实验的采光效果,使其在计算机中可以得到清晰的成像。

图4.1　壁虎(Gekko gecko)身上标记点的表示位置

实验用壁虎5 只,体重为(90.7±2.5) g,身长140.2±10.5 mm。左前腿及右前腿的小腿长度为18 mm,大腿长度为15 mm;左后腿及右后腿的小腿长度为21 mm,大腿长度为25 mm。

和人类在地面上行走分为快跑和慢走一样，壁虎在地面、竖直墙面和天花板上的运动也有快爬行和慢速爬行两种。这两种爬行状态下的运动步态会有所不同。快速爬行是指壁虎在外界刺激下（驱赶、吓唬等行为），以较快速度爬行的运动；慢速爬行是指壁虎在没有外界干扰的情况下，以较慢速度爬行的运动。将大壁虎放入爬行通道，根据实验目的（快速爬行或正常爬行步态）设置高速摄像机的采集帧速及曝光度，将壁虎沿着特定路径爬行的运动过程拍摄下来并将所拍摄到的一系列清晰图像存入到配套的计算机中。

4.2 实验数据处理

从实验所得到的一系列图像中挑选出具有两个完整周期步态的图像，利用图像处理软件 SigmaScan 对图像进行处理，得出壁虎身上标记点的相对坐标值。然后利用 Excel 对数据进一步处理。

4.2.1 SigmaScan 软件

打开 SigmaScan 软件，先建立一个新的工作表（Worksheet）。然后利用看图软件 ACDSee 打开图像文件，复制图像，然后依次点击 SigmaScan 界面下的 Edit→Paste→To New Image Window，将该图像粘贴到 SigmaScan 中。鼠标依次点击图像中的壁虎身上的标记点，标记点的相对坐标值（图像像素值的大小）就自动生成在工作表中（图 4.2）。实验中高速摄像机的分辨率均定为 1 024 ×1 024。根据图像中已知实际长度（图中纸上的格子尺寸）对应的像素长度，可以得到图像实际尺寸的换算比例。

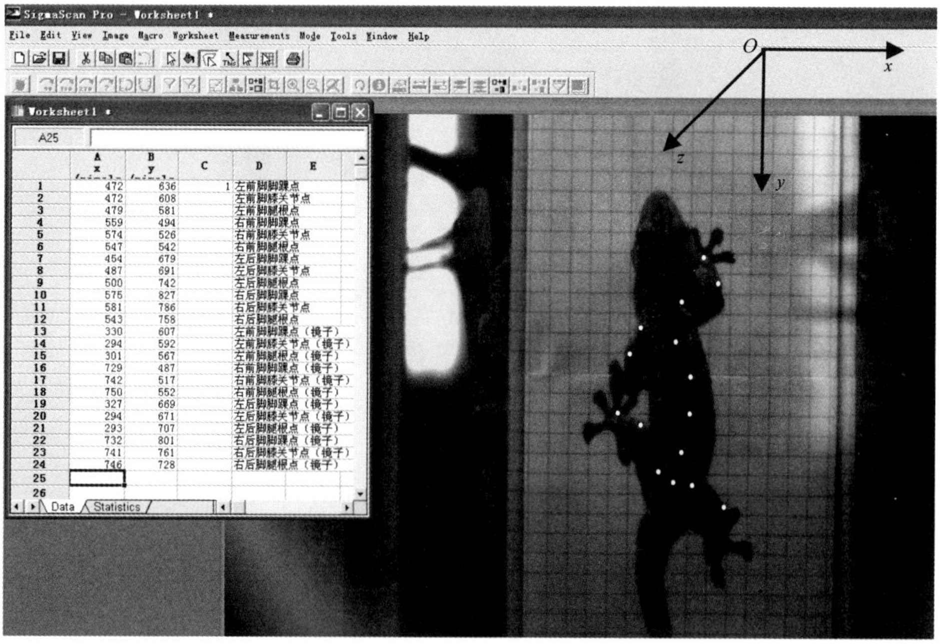

图 4.2 标计点的相对坐标值

4.2.2　步态参数定义

如图 4.3 所示,规定运动步态实验系统(见 3.2.2 节中图 3.1)中运动通道底面为体平面,通过囟点和鼻点且垂直于体平面的平面为矢状面,通过囟点且与体平面和矢状面相垂直的平面为冠状面。定义股骨和胫骨间的夹角为股胫角 α,α 角始终为正;体平面内股骨与过髋关节且平行于冠状面的平面间的夹角为摆动角 β,β 角相对于该平面位于身体前侧为正,后侧为负;股骨与过髋关节且平行于体平面的面间的夹角为提升角 γ,γ 角相对于该平面上方为正,下方为负。

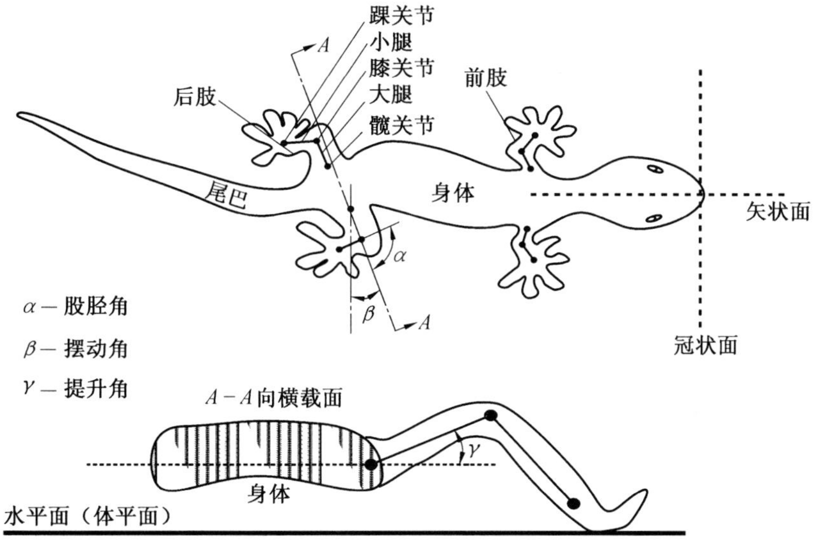

图 4.3　壁虎运动步态参数

4.3　壁虎运动步态

4.3.1　运动步态周期

根据实验数据处理结果,选取大壁虎在水平地面、垂直墙面和天花板运动时保持近似相同匀速运动的实验数据进行分析。即选取大壁虎在地面快跑(速度为 340 mm/s),地面慢跑(速度为 66.7 mm/s),墙面向下快跑(速度为 330.3 mm/s),墙面向下慢跑(速度为 58.1 mm/s),墙面向上快跑(速度为 241.5 mm/s),墙面向上慢跑(速度为 31.0 mm/s),天花板上快跑(速度为 273.3 mm/s)以及天花板上慢跑(速度为 115.0 mm/s)共 8 种状态下的步态变化数据进行处理和比较。

图 4.4 所示为壁虎在水平地面以 340 mm/s 的速度快速爬行的一个完整周期并具有相同

时间间隔 44 ms(即 11 帧)的图像序列图。步距(一个完整周期身体前进距离)和单腿跨距(单腿从抬起到落地的跨越距离)分别为 120 mm 和 60 mm。拍摄设置的帧速为 250 帧/s,步态周期为 89 帧(即 356 ms)。大壁虎在地面的爬行步态近似于对角小跑步态。

图 4.4 壁虎地面快速爬行步态周期图

图 4.5 所示为大壁虎水平地面慢跑时步态序列图,速度为 66.7 mm/s。步距为 100 mm,单腿跨距为 50 mm,单腿步距为 50 mm。拍摄帧速为 40 帧/s,一个完整的步态周期为 1 500 ms。大壁虎的爬行步态介于 1423 三角步态和对角小跑步态之间。

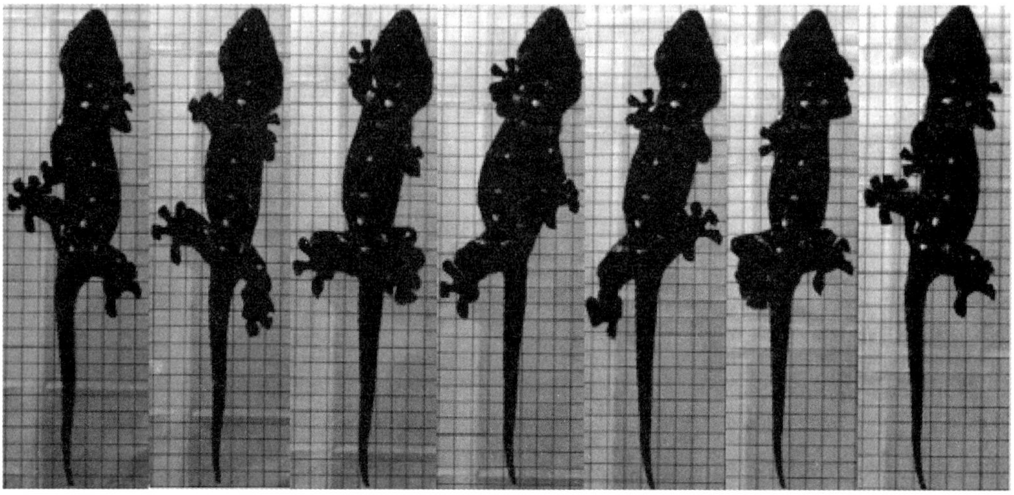

图 4.5 壁虎地面慢速爬行步态周期图

图 4.6 所示为大壁虎在垂直墙面向下快跑的步态序列图,大壁虎的爬行速度为 330.3 mm/s,步距和单腿跨距分别为 100 mm,50 mm。拍摄帧速为 100 帧/s,一个完整的步态周期为 300 ms。大壁虎爬行步态介于溜蹄步态与对角小跑步态之间。

图 4.7 所示为大壁虎在垂直墙面向下慢跑的步态序列图,大壁虎的爬行速度为 58.1 mm/s。步距为 86 mm,左前腿、左后腿、右前腿和右后腿的单腿跨距分为 44 mm、40 mm、29 mm、

44 mm。拍摄帧速为 50 帧/s，步态周期为 1 520 ms。大壁虎爬行步态为溜蹄步态与对角小跑步态的结合。

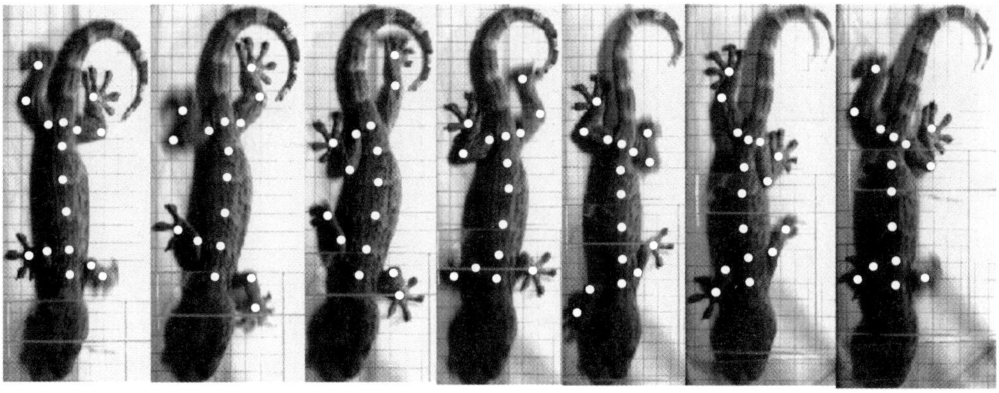

图 4.6　壁虎垂直壁面快速向下爬行步态周期图

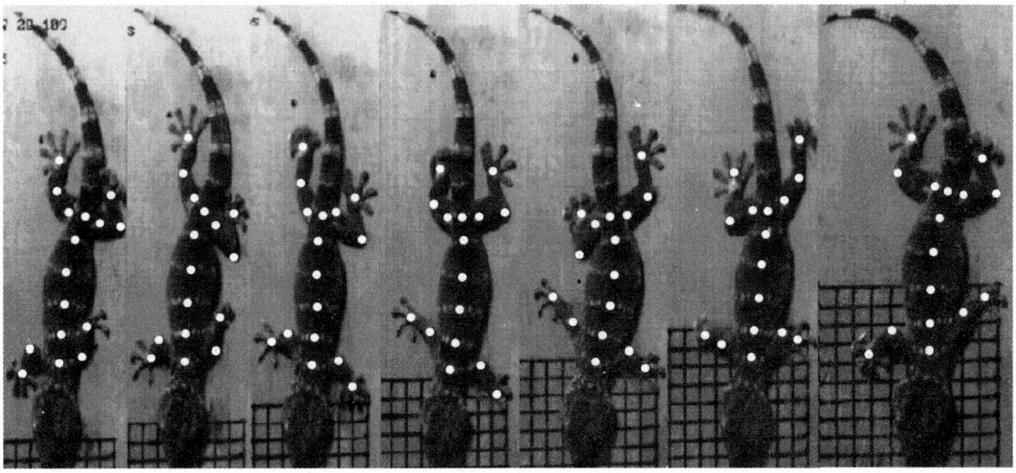

图 4.7　壁虎垂直壁面慢速向下爬行步态周期图

图 4.8 所示为大壁虎在垂直墙面快速向上爬行的步态序列图，其爬行速度为 241.5 mm/s。步距为 120 mm，单腿跨距为 60 mm，单腿步距为 60 mm。拍摄帧速为 100 帧/s，步态周期为 490 ms。实验中观察到的大壁虎在地面上的爬行步态类似于对角小跑步态。

图 4.9 所示为大壁虎在垂直墙面向上慢速爬行的步态序列图，其爬行速度为 31 mm/s。步距为 110 mm，单腿跨距为 55 mm，单腿步距为 55 mm，拍摄帧速为 50 帧/s，一个完整的步态周期为 3 600 ms。实验中观察到的大壁虎在地面上的爬行步态类似于对角小跑步态。

图 4.10 为大壁虎在天花板快跑的步态序列图，其爬行速度为 273 mm/s。步距和单腿跨距分别为 110 mm 和 65 mm。其中有四条腿共同支撑期，身体向前移动的距离为 10 mm。拍摄帧速为 100 帧/s，一个完整的步态周期为 440 ms。大壁虎的运动步态为对角小跑步态。

图 4.11 为大壁虎在天花板慢跑时的步态序列图，大壁虎的爬行速度为 115 mm/s。步距和单腿跨距分别为 84.8 mm 和 50 mm。其中有四条腿共同支撑期，身体向前移动的距离为 7.4 mm，拍摄帧速为 100 帧/s，步态周期为 740 ms。大壁虎的爬行步态近似于 1423 步态。

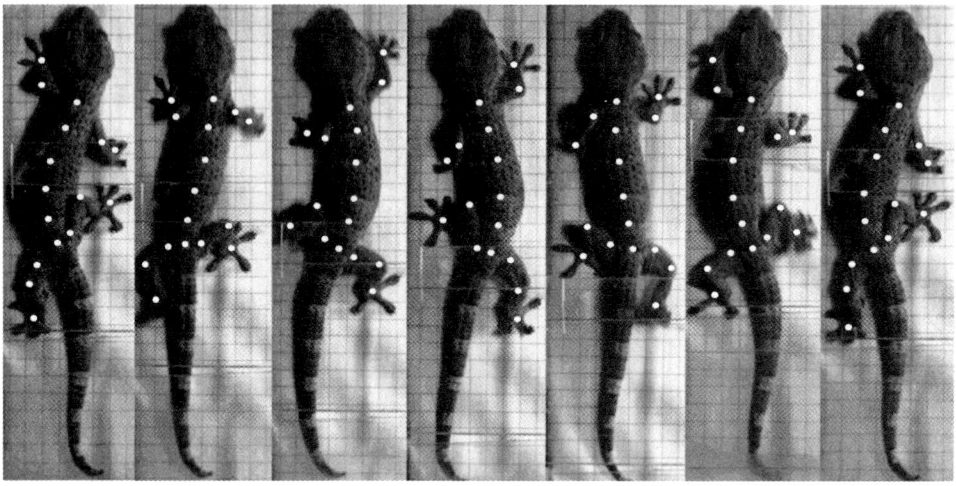

图 4.8　壁虎垂直壁面快速向上爬行步态周期图

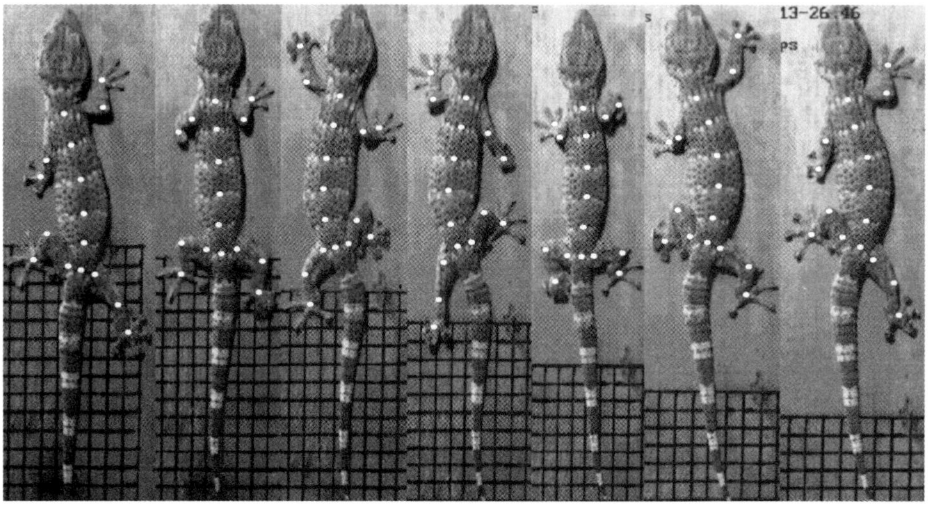

图 4.9　壁虎垂直壁面慢速向上爬行步态周期图

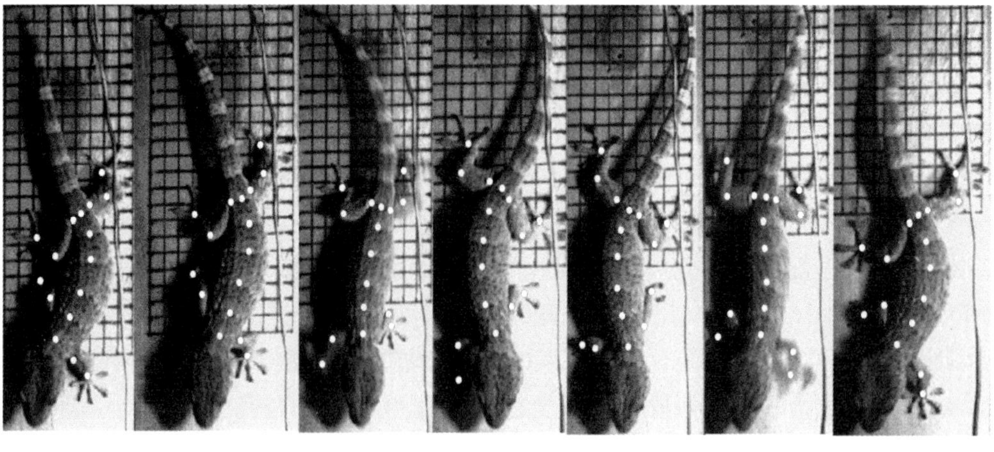

图 4.10　壁虎天花板快速爬行步态周期图

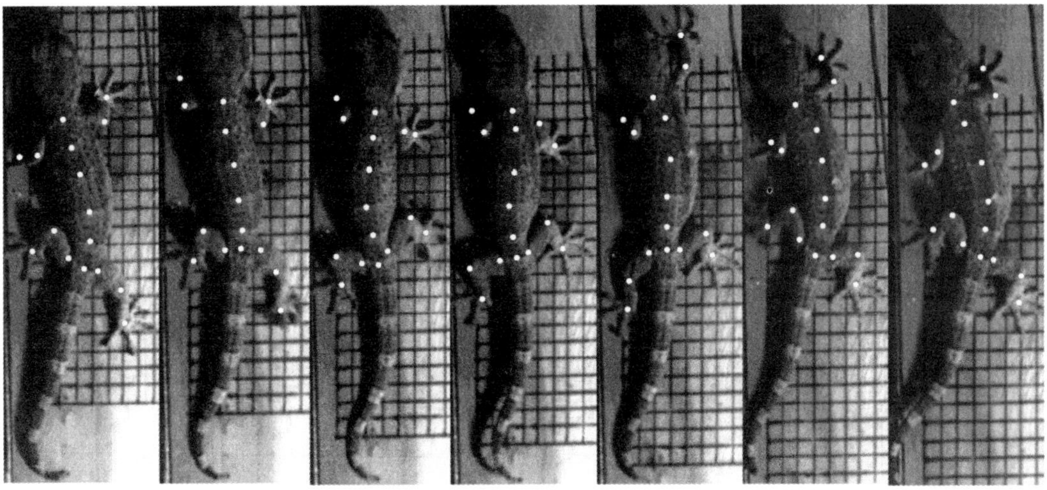

图 4.11　壁虎天花板慢速爬行步态周期图

4.3.2　关节角度的周期性变化

壁虎在水平地面、垂直墙面和天花板表面运动时身体关节角度的周期性变化是表示关节运动最直接的方式。为了便于各种实验条件下所得数据的对比，将周期时间进行归一化处理。周期时间作为横坐标，关节角度为纵坐标，可得到大壁虎不同运动状态下身体关节角度的周期性变化曲线。并以黑白相间图来表示所对应腿的占空图，黑色区域为支撑相，表示腿与表面为接触状态；白色区域为摆动相，表示腿处于空中摆动状态。图 4.12 为大壁虎在水平地面慢速爬行和快跑、垂直墙面向上和向下的慢速爬行与快跑、天花板表面的慢速爬行和快跑共八种运动状态各腿关节的周期性变化曲线。

壁虎在一个运动周期内，摆动角 β（图 4.12 中点划线曲线）经历一次前后摆动，提升角 γ（图 4.12 中虚线曲线）经历一次抬起和落下过程，α 角和 β 角的变化曲线中均出现一个波峰和一个波谷。股胫角 α（图 4.12 中实线曲线）在摆动相和支撑相中各有一次展开和收缩，出现两个波峰和两个波谷。在前肢（左前腿、右前腿）的关节角度曲线中，当摆动角最小时提升角 γ 处于最大值；而后肢（左后腿、右后腿）中两者的相位则正好相反，且极值出现在摆动相向支撑相过渡或者支撑相向摆动相过渡的时候。股胫角 α 在支撑相和摆动相各有一次局部最小值，而且在摆动相和支撑相变换过程中出现一次极大值。壁虎在同一坡度上以不同步态运动时，曲线变化规律和趋势非常相近，特别是后肢关节角度曲线尤为明显。而比较不同坡度上的运动，如水平地面和垂直墙面，即使是相同步态，关节角度变化的曲线差异也很大。

表 4.1 为各腿支撑时间与步态周期的比值，表明各腿支撑和多足支撑的协调情况。从表中可以看出，在任一运动状态下，四条腿的占空比大致相近。在地面运动与天花板运动时单腿的占空比比较高，说明壁虎单腿周期内支撑时间长，更有助于身体保持稳定。相对于整个步态周期，慢速爬行过程中的两腿支撑时间与周期之比小于快速爬行过程，即慢速爬行时的负荷系数大，快速爬行时的负荷系数小。说明快速爬行时大壁虎多采用对角行走步态，而慢速行走时

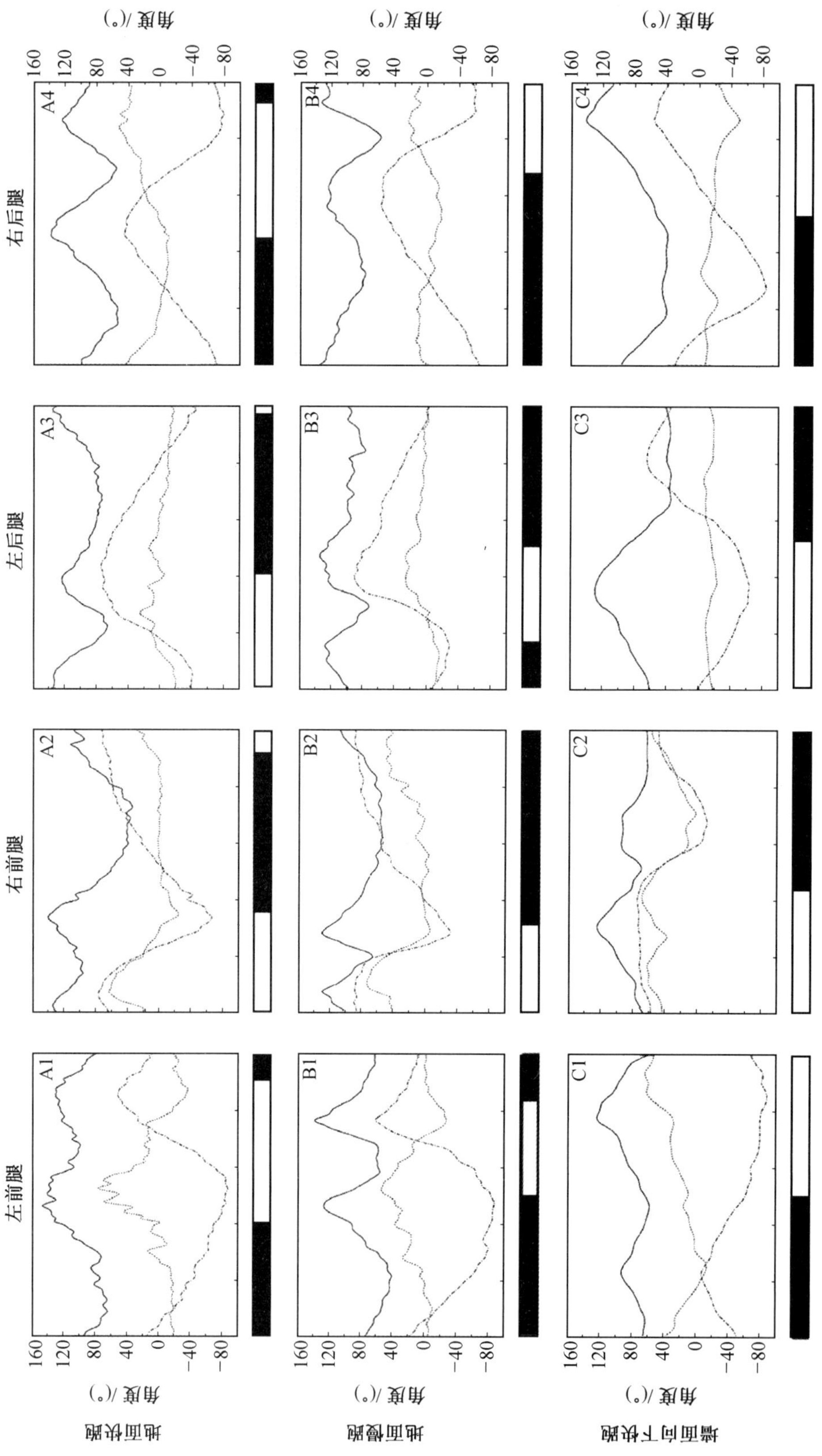

图 4.12 大壁虎各腿关节角度的周期性变化（一）

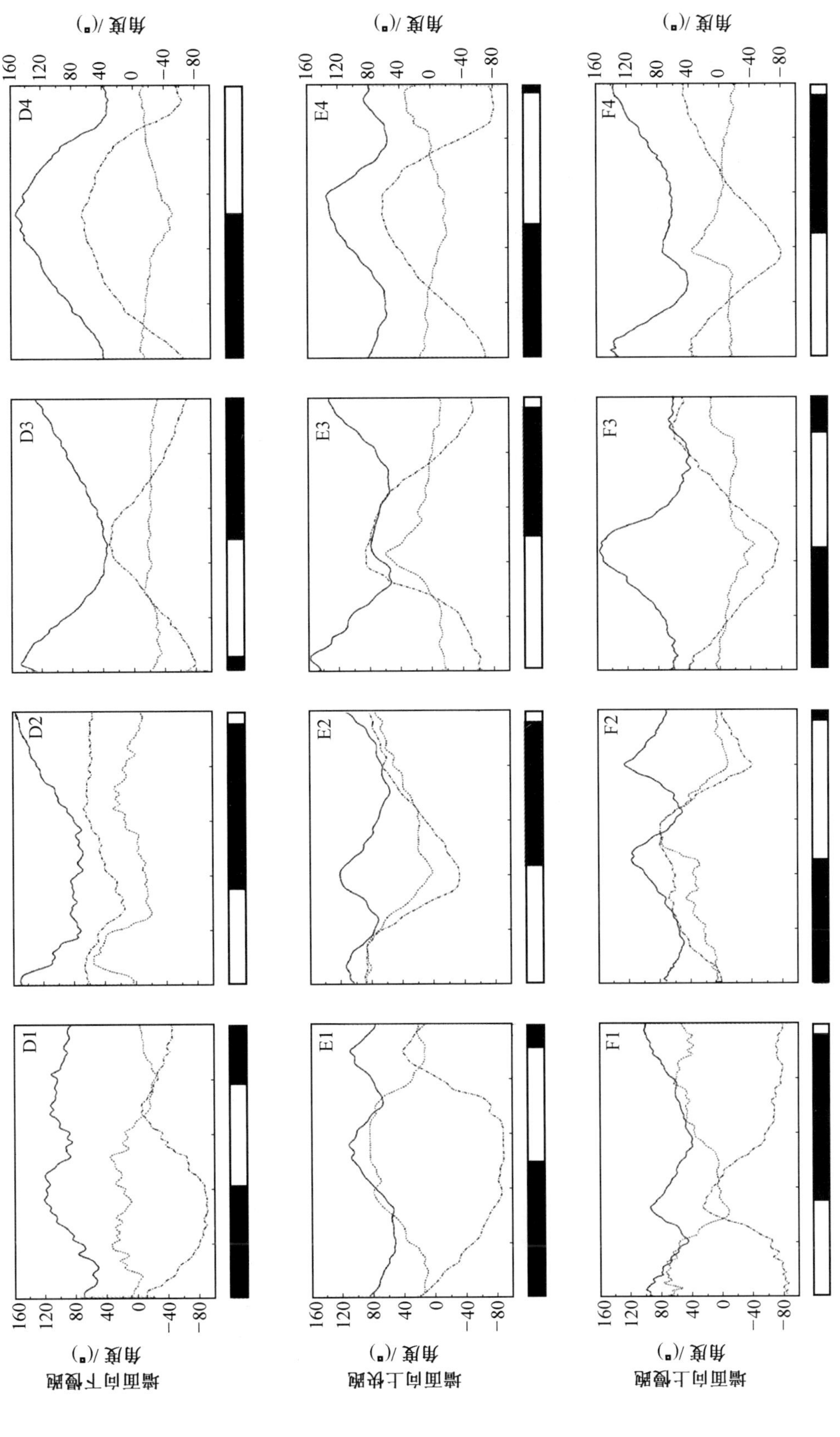

图 4.12　大壁虎各腿关节角度的周期性变化(二)

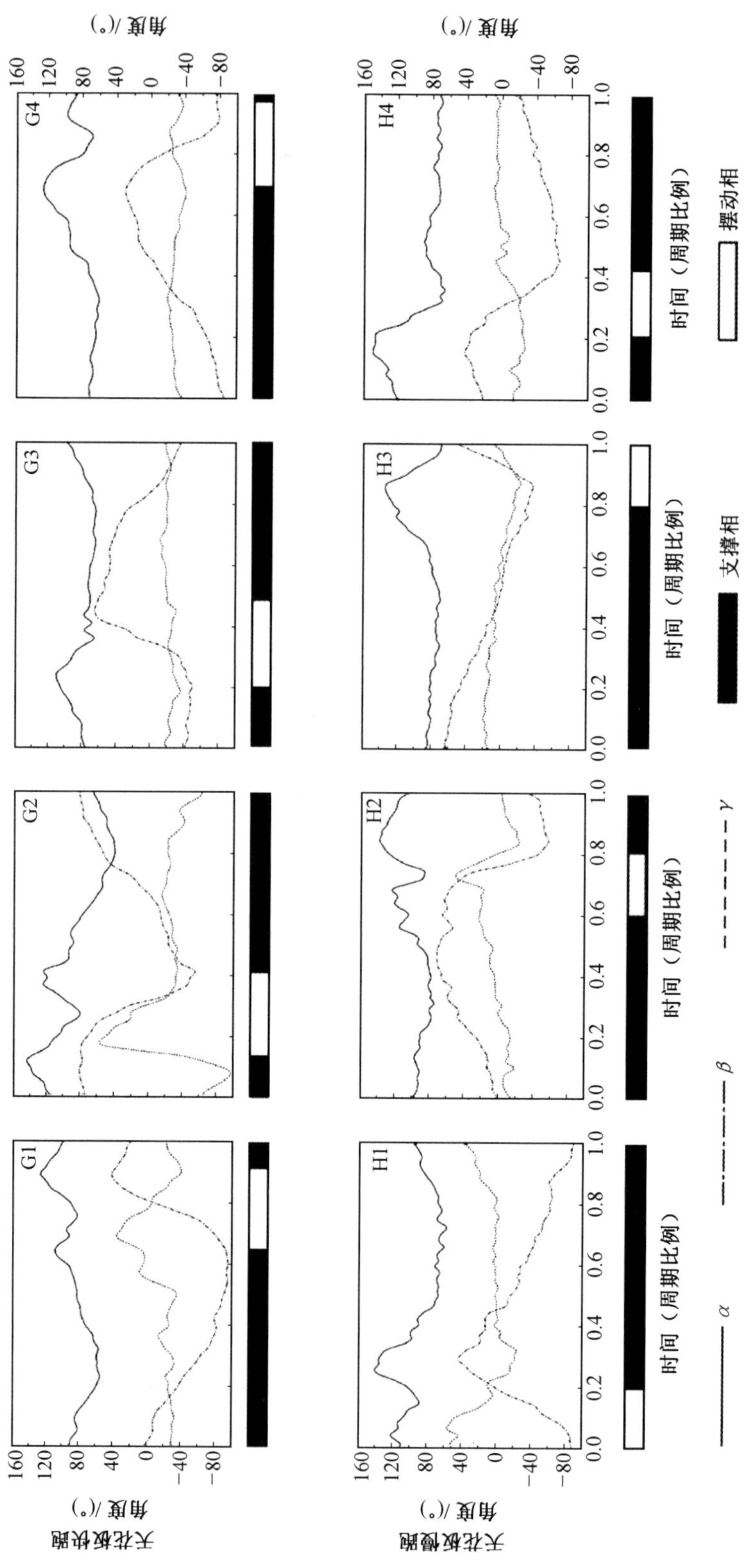

图 4.12　大壁虎各腿关节角度的周期性变化（三）

三腿同时支撑的时间明显提高,这有助于壁虎的稳定吸附和平衡。而在天花板爬行时大壁虎出现了四腿支撑的情况,表明在比较苛刻的环境下,大壁虎会调节自身的行为以适应环境,从而实现有效的平衡和运动。

表 4.1　腿支撑时间占整个步态周期的比例

	水平地面		垂直壁面				天花板	
			向上		向下			
	快速	慢速	快速	慢速	快速	慢速	快速	慢速
右前腿	0.55	0.68	0.53	0.52	0.5	0.61	0.73	0.82
左前腿	0.55	0.68	0.59	0.6	0.5	0.63	0.73	0.82
左后腿	0.55	0.68	0.47	0.49	0.5	0.59	0.73	0.82
右后腿	0.55	0.68	0.53	0.51	0.5	0.54	0.73	0.82
对角两腿支撑	0.82	0.33	0.88	0.82	0.87	0.51	0.41	0
同侧两腿支撑	0	0	0	0	0.13	0.12	0	0
三腿共同支撑	0.18	0.67	0.12	0.18	0	0.37	0.27	0.7
四腿共同支撑	0	0	0	0	0	0	0.32	0.3

表 4.2 为大壁虎在各种运动状态下各腿关节角度的变化范围。在任一运动状态下,大壁虎的股胫角 α 的最大值比较相近,而最小值相差较大。大壁虎前腿和后腿股胫角 α、摆动角 β 和提升角 γ 基本相近,说明大壁虎在运动过程中的左右对称支撑作用。在地面和天花板爬行状态下,前腿的股胫角 α 和摆动角 β 比后腿的股胫角 α 和摆动脚 β 运动幅度要大,而在垂直运动状态下前腿的股胫角 α 和摆动角 β 比后腿的股胫角 α 和摆动角 β 运动幅度要小。在垂直运动状态下,后腿起到推动和稳定身体的作用,后肢大腿尽可能的摆动并且与小腿间尽可能舒展以推动身体前行。在同样角度变化速率的情况下,可以提高后腿的支持时间,起到稳定身体的作用。在任一运动状态下,前腿摆动角 β 的正值区间要大于负值区间;而后腿的负值区间要大于其正值区间;前腿的提升角 γ 比后腿的提升角 γ 大 1 倍。由于壁虎在运动过程中其身体会尽可能的贴近所在附着平面,从而导致在地面和墙面运动时提升角 γ 正值区间幅度比负值区间幅度要大;而在天花板运动时,由于要克服身体自身的重力,提升角 γ 正值区间与负值区间比较接近。

表 4.2 各种运动状态下大壁虎各腿关节角度范围 (°)

			水平地面		垂直壁面				天花板	
					向上		向下			
			快速	慢速	快速	慢速	快速	慢速	快速	慢速
右前腿	α	最大值	142.6	131.1	137.2	157.2	120.0	137.5	149.3	130.4
		最小值	33.4	49.4	71.4	73.7	53.2	54.7	49.5	67.0
	β	最大值	78.0	87.6	85.2	77.5	88.0	87.8	87.7	67.0
		最小值	-70.0	-37.7	-5.0	25.6	-36.5	-41.2	-45	-53.5
	γ	最大值	65.0	69.4	78.7	66.4	86.2	87.3	68.2	48.6
		最小值	-25.2	-10.3	4.8	-7.1	-4.1	-6.8	-78.7	-22.6
左前腿	α	最大值	151.0	144.7	137.8	126.5	116.8	108.9	133.7	133.9
		最小值	63.7	43.4	65.4	57.7	52.1	42.7	62.4	51.4
	β	最大值	87.9	73.3	80.2	72.9	87.8	88.0	76.0	81.9
		最小值	-52.7	-69.4	-4.1	-10.3	-45.0	-31.8	-53.6	-43.4
	γ	最大值	80.5	59.7	78.1	47.7	86.8	85.6	50.7	58.0
		最小值	-39.0	-18.4	-6.6	-10.9	10.9	-7.6	-26.6	-23.2
左后腿	α	最大值	137.2	132.7	139.0	152.0	157.3	167.2	115.4	125.9
		最小值	65.7	66.7	42.5	43.9	48.5	43.0	67.1	63.9
	β	最大值	75.4	88.0	74.8	42.7	84.3	70.0	74.1	60.3
		最小值	-45.8	-33.7	-56.0	-61.9	-65.9	-77.2	-37.6	-33.7
	γ	最大值	26.6	23.2	4.8	2.3	63.4	20.0	4.6	20.9
		最小值	-21.3	-19.8	-15.6	-22.5	-20.9	-45	-23.6	-21.8
右后腿	α	最大值	139.1	136.7	156.7	155.4	134.7	153.2	130.5	139.3
		最小值	52.7	54.0	47.3	40.3	53.7	45.7	68.2	58.4
	β	最大值	45.9	54.7	69.2	75.7	61.1	53.8	41.6	40.9
		最小值	-80.7	-69.0	-77.7	-48.6	-86.1	-80.9	-67.3	-62.9
	γ	最大值	54.0	22.4	10.0	5.3	32.0	41.6	-5.3	11.3
		最小值	-12.7	-22.8	-45	-36.9	-24.9	-18.4	-25.7	-25.0

4.3.3 关节角度相图分析

角度相图是一种直观的表示同一个时间变量下腿关节两个角度之间相互关系和变化趋势的方法[127]。相图形状表示了不同阶段两个角度的变化趋势,在坐标系中的位置显示了角度的变化范围。用相图便于比较不同情况下同一组数据的变化。图 4.13 所示为大壁虎在水平地面慢速行走与快跑、垂直墙面上向上慢速行走与小跑四种不同运动状态下运动时摆动角 β 与提升角 γ、股胫角 α 的相图。图中 4.13(a) ~ (d) 为大壁虎前肢在水平面和垂直面上小跑和行走的摆动角-提升角相图;4.13(e) ~ (f) 为对应的后肢摆动角-提升角相图;4.13(i) ~ (l) 为前肢摆动角-股胫角相图;4.13(m) ~ (p) 为相应后肢摆动角-股胫角相图。点表示时间变量,箭头表示曲线变化方向。水平小跑、水平行走、垂直小跑和垂直行走相图中点的时间间隔分别为 4 ms、25 ms、10 ms 和 20 ms。图 4.13 中箭头所示为关节运动的方向,起始为摆动相。单张相图中相邻两点的时间间隔相等,点的疏密程度表示角度的变化速度。封闭图形表明运动的周期性,包络面积的大小表示在一个运动周期内支撑相和摆动相角度变化的大小。

比较分析图 4.13 中各腿关节角度可以看出,水平地面小跑时的前后肢摆动-提升角(图 4.13(a)、(e))和前肢摆动-股胫角(图 4.13(i))与其他相图差异比较大,其他相图都有相似之处。沿箭头所示变化方向可以看出,在摆动角从小到大变化时点的密度比从大到小变化时更密。

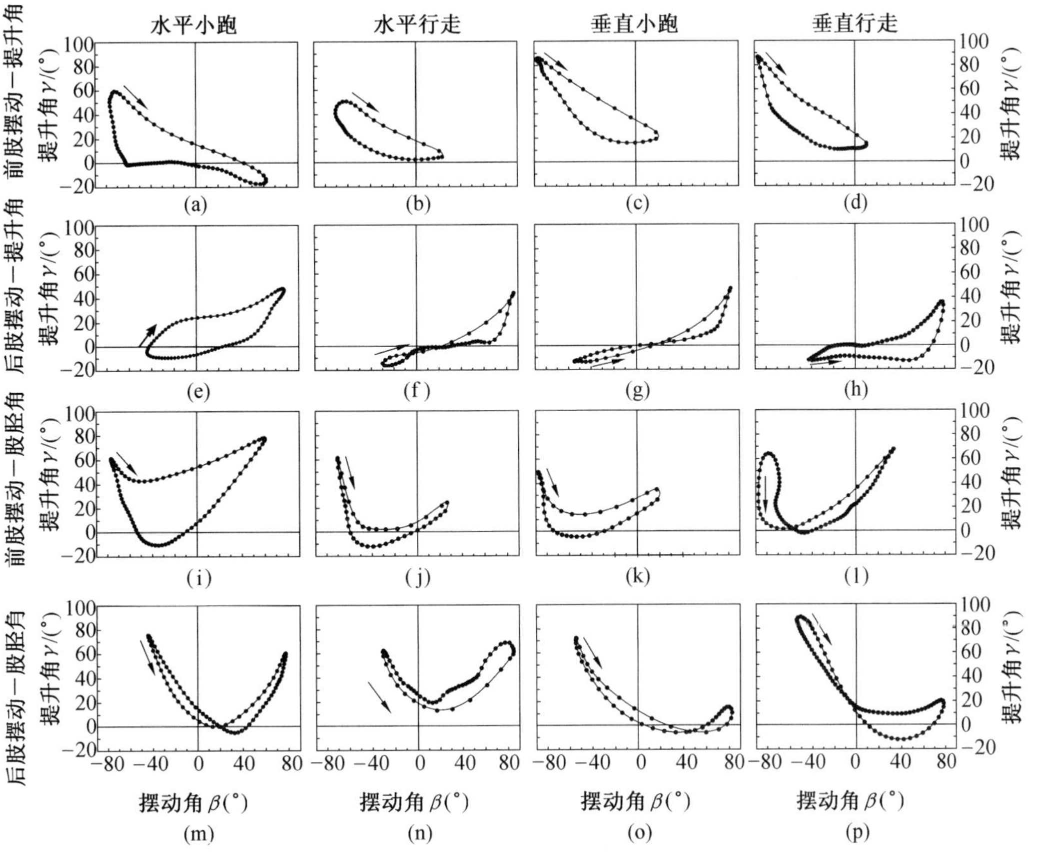

图 4.13　大壁虎运动过程中角度相图

壁虎在水平地面慢速行走和小跑时,由于速度的不同使相图形状差异较大。后肢摆动角-股胫角相图形状上有相似之处(图 4.13(m)、(n))。随速度的增加,前后肢摆动-提升角包络面积明显增大(图 4.13(a)、(b)、(e)、(f)),前肢股胫角 α 在摆动相变化很小,支撑相中出现了较大的转折(图4.13(i))。与图4.12中前肢角度变化曲线相对应,前肢摆动-提升角的相图(图4.13(a)~(d))变化与对应的后肢相图(图4.13(e)~(h))变化趋势相反(图形的倾斜方向相反)。相对水平面上,在垂直面上以不同步态运动时各组相图形状较为相似,其中前肢的摆动角-提升角相图(图4.13(c)、(d))最为明显。除在位置上有所变化外,形状几乎相同,说明大壁虎在垂直面上运动时,随速度的增大关节运动速度增加,关节运动的方式却几乎保持不变。在垂直面上运动时前肢摆动角-提升角相图的位置要比在水平面上高(图4.13(a)~(d)),图4.13(c)、(d)中关节角度均大于零,表明在垂直面上运动时大腿主要在过髋关节平行于体平面的平面以上摆动。

4.3.4 关节角度变化分析与讨论

大壁虎的前后肢的体态差异[79]使其运动具有独特之处。为适应爬壁的生活习性,大壁虎形成了较短的前肢。前肢在摆动相结束时大腿迈到最前,前肢髋关节与足掌的相对高度处于最大值;支撑相结束时,前肢大腿位于相对于身体的后极限位置。支撑相过渡到摆动相时,大腿抬起的短时间内继续往后摆动,形成一个缓冲阶段,减小了因速度方向的改变而引起的加速度的突变,使运动更为协调和柔顺。大壁虎在速度较快时使用对角小跑步态,即处于对角线上的前后肢其运动周期几乎相同。在速度较慢时采用三角步态行走,即按照右前-左后-左前-右后-右前的顺序轮流摆动各条腿。大壁虎在水平地面、垂直墙面和天花板表面上以不同步态运动时,对速度调整的策略也不同。Zaaf等发现大壁虎在水平面上运动时,随速度的增大步频增加而步长、步幅和占空比等不变,后肢更多地在平行于矢状面的平面内运动。在垂直面上运动随速度的增加步长与步频同时增加,但相对频率的变化,步长增大的幅度较小[88]。根据Zaaf的实验结果,壁虎在水平地面上运动时随着速度的增大,关节的转动速度提高,摆动角β的范围保持不变,支撑相提升角γ曲线较低以减小与矢状面的夹角;在垂直墙面上随速度的增大,关节的转动速度提高,摆动角β的范围增加。从图4.13中相图点的密度可以看出,在同种平面上关节的转动速度随速度的增大而增大。水平面小跑时支撑相提升角γ的曲线比水平行走时低;垂直面上随速度的增大,后肢的摆动角β幅度增大最明显(表4.2),与Zaaf等的实验结论一致。实验发现,垂直墙面上后肢摆动幅度的增大主要表现在后伸展的方向上,而前伸时的摆动幅度相差不大。在水平小跑的摆动相,前肢股胫角α几乎保持支撑相结束时的值不变,通过髋关节的向前转动带动小腿前伸完成了摆动相的动作任务,使肢体的动作更加灵活。前肢大腿在抬起与下落的幅度均比走动时大,从而减少了摆动相中肢体与障碍物的碰撞以及支撑相身体与地面接触产生摩擦的几率。

大壁虎在水平地面上运动时,四肢克服身体重力和摩擦力的作用撑起身体离开地面并推动身体前行。在垂直墙面上运动,质心离开墙面时产生的颠覆力矩使其身体有翻倒的危险。该力矩与壁虎的质量和质心与墙面的距离成正比。大壁虎较短的前肢产生垂直于垂直面的拉力克服颠覆力矩的影响,处于摆动相的肢体提供向上的推动力克服重力的影响并推动身体前进[120]。在垂直面上运动时,摆动相前后肢减小与身体的距离以减小惯量的影响。为了减小颠覆力矩,处于支撑相的肢体尽量在过臀关节平行于体平面的平面以上的范围内摆动以减小质心与垂直面的距离。在一个运动周期内后肢提升角大部分时间都在最低位置,并且角度的变化比较平稳。随速度的改变,大壁虎的肢体动作几乎保持了原有的模式(图 4.13 中相图形状)不变,速度变化相对比较平稳。在水平面上运动,肢体仅需克服重力使身体离开地面并产生前进推动力,因此大壁虎肢体运动方式更加灵活。

第5章　壁虎在水平地面/垂直墙面/天花板表面运动反力

壁虎是能在天花板等倒置的表面上自如运动与稳定附着的最大动物。壁虎在水平地面、墙面和天花板上运动时，不仅具有不同的运动步态，其脚掌与附着面之间的接触反力随着接触面坡度的变化，大小和方向都会产生显著变化。如本书第4章所述，壁虎在水平面运动都为对角小跑步态，在墙面和天花板运动时，为了保证安全附着，大多为三角步态。本章研究壁虎在水平面/垂直面/天花板表面的运动反力。5.1节介绍了用于在水平面、垂直面和天花板上运动反力测试实验的大壁虎的体态参数；5.2节介绍实验方法、实验过程及实验数据处理；5.3节为壁虎水平地面运动反力分析，包括单个脚掌的运动反力、前后脚掌运动反力的对比等；5.4节为壁虎垂直墙面运动反力分析；5.5节为壁虎在天花板运动反力分析；5.6节着重比较壁虎在水平地面、垂直墙面和天花板表面运动时脚掌的作用。

5.1　实验对象

实验采用了5只大壁虎(Gekko gecko)作为实验样本，为了与前文中用于运动步态实验的壁虎相区分，分别编号为O、P、Q、R、S，其中三只为雄性，两只为雌性。壁虎的身体参数见表5.1，其体重为65.4 ± 2.4 g，其他身体尺寸基本相当，以降低其对测试实验的影响，方便数据的统一处理。

表5.1　实验用大壁虎基本参数

编号	O	P	Q	R	S	平均值
性别	雄	雄	雄	雌	雌	
质量/g	66.5	66.3	68.3	63.0	62.9	65.4±2.4
前臂/mm	19	18	18	18	18	18.2±0.4
大臂/mm	20	19	19	19	19	19.2±0.4
小腿/mm	23	21	21	21	22	21.6±0.9
大腿/mm	24	23	23	23	23	23.2±0.4
身长/mm	150	149	124	134	126	136.6±12.4
尾长/mm	120	145	136	128	104	126.6±15.7

5.2　实验过程及数据处理

5.2.1　实验过程

首先进行高速摄像的设置和操作，然后启动动物运动力测试程序，该程序是在LabVIEW6.1环境下开发的，主要是实现48个通道的同步数据采集、处理并保存（详见本书3.4.5节）。首先程序空采集检查测试各通道的工作是否正常，查看界面上16个示波器控件内图线偏离与0线的情况，对偏离过大的通道采用相关软件进行调试检测使其恢复正常。接着在控制菜单下拉中选中初始化，读取并存储各个通道的零点输出值，以便软件调零使用。在完成初始化之后，进入实验采集阶段，软件对获取的数据减去初始值。在程序前面板中选中保存选项，触发数据存储开始，把采集数据以电子表格的形式保存。触发数据保存的同时打开高速摄像机开始录像采集。采集结束后，查看数据是否有效，然后正式开始实验。

在通道的一端放置一只壁虎，壁虎通过测力通道爬向另一端。壁虎开始运动时触发高速摄像系统和力学测试系统工作，记录下相应的图像数据和力学数据。读取高速摄像的图像资料，判读是否有全脚掌与传感器接触和与脚掌接触的传感器编号。若实验录像中存在全脚掌与传感器接触，则读取对应传感器的获取的数据，数据完整就将力学数据和图像数据成对保存（对应文件名相同，包含实验日期，壁虎编号以及实验的次数）。依照上述实验过程，选用不同的经过训练的壁虎重复实验，直到实验次数符合要求时结束实验（图5.1）。

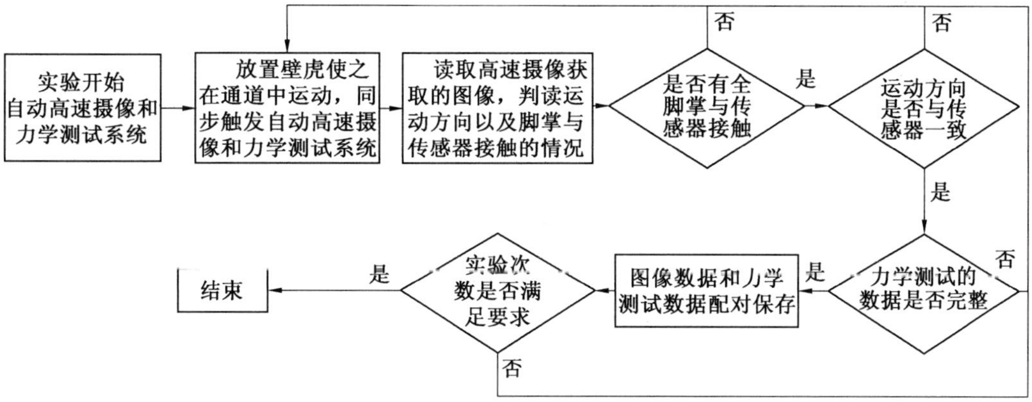

图5.1　壁虎运动反力测试实验流程图

5.2.2　数据筛选和整理

1. 力数据的转换及提取

(1) 力数据的转换

建立传感器坐标基 $\boldsymbol{e}_1(x_1, y_1, z_1)$，$z_1$ 垂直于运动表面，远离运动表面向外为正；x_1 和 y_1 在运动表面内，x_1 垂直于动物运动通道方向，由左指向右；y_1 沿运动通道方向，x_1、y_1 和 z_1 三者符合右手定则。在壁虎脚掌与运动表面接触点处建立载体坐标基 $\boldsymbol{e}_2(x_2,y_2,z_2)$，$z_2$ 与 z_1 同向，垂直运动表面向外为正；x_2 和 y_2 在运动表面内，y_2 沿身体轴线，由尾部指向头部；x_2 垂直于身体轴线，x_2、y_2 和 z_2 三者符合右手定则（图 5.2）。

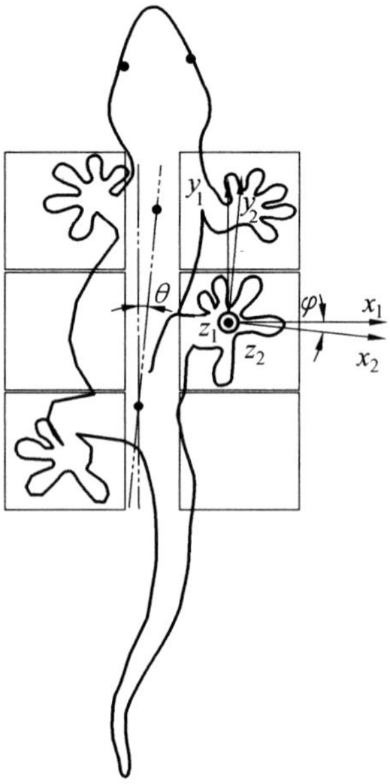

图 5.2　坐标转化图

传感器输出力 $\boldsymbol{F}_1$ 沿坐标系 $\boldsymbol{e}_1$ 三个方向的分量分别为 F_x, F_y, F_z。壁虎所受接触反力 $\boldsymbol{F}_2$ 在坐标系 $\boldsymbol{e}_2$ 中的三个分量分别为 F_L, F_F, F_N（位于壁虎运动平面内垂直于运动方向的运动反力为侧向力 F_L，以指向身体右侧为正；壁虎运动方向的运动反力定义为驱动力 F_F，与运动方向相同为正；垂直于运动表面的接触反力为法向力 F_N，以远离运动平面向外为正）。根据实验中影像数据求出瞬时 $\boldsymbol{e}_2$ 相对于 $\boldsymbol{e}_1$ 的转角 φ，即身体摆动角，取逆时针为正（图5.2）。由经典力学可得传感器输出力 $\boldsymbol{F}_1(F_x,F_y,F_z)$ 与壁虎运动反力 $\boldsymbol{F}_2(F_L,F_F,F_N)$ 关系如下

$$\boldsymbol{F}_2=\begin{bmatrix}F_L\\F_F\\F_N\end{bmatrix}=\begin{pmatrix}\cos\varphi & -\sin\varphi & 0\\ \sin\varphi & \cos\varphi & 0\\ 0 & 0 & 1\end{pmatrix}\begin{pmatrix}-1 & 0 & 0\\ 0 & -1 & 0\\ 0 & 0 & -1\end{pmatrix}\begin{bmatrix}F_x\\F_y\\F_z\end{bmatrix} \tag{5.1}$$

即

$$\left.\begin{aligned}F_L&=-F_x\cos\varphi-F_y\sin\varphi\\F_F&=F_x\sin\varphi-F_y\cos\varphi\\F_N&=-F_z\end{aligned}\right\} \tag{5.2}$$

由式(5.3)和式(5.4)计算可得切向力 F_{LF}、合力 F_T、驱动角 α 以及支撑角 β（图 5.3），即

$$\left.\begin{aligned}F_{LF}&=\sqrt{F_L^2+F_F^2}\\F_T&=\sqrt{F_L^2+F_F^2+F_N^2}\end{aligned}\right\} \tag{5.3}$$

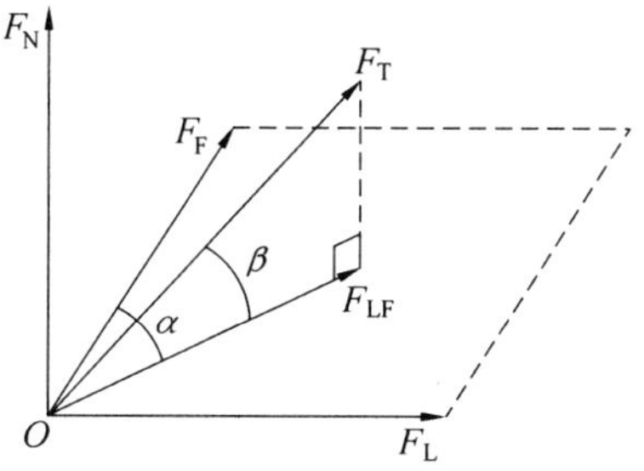

图 5.3　运动反力角度图

$$\left.\begin{aligned}\alpha &= \arctan(F_L/F_F)\alpha \in (-180° \quad 180°)\\ \beta &= \arctan(F_N/F_{LF})\beta \in (-90° \quad 90°)\end{aligned}\right\} \tag{5.4}$$

（2）力数据的提取

根据高速摄像获取的图片资料信息，判定脚掌与传感器的接触情况，读取壁虎脚掌完整接触的传感器编号，截取脚掌完整接触的传感器测得的力数据，经过筛选及转换后，读取初始接触时的接触反力 $\boldsymbol{F}_{IC}$ 三个方向分力的峰值、脚掌接触反力三个方向的峰值、脚掌接触切向力最大时的驱动角 α 以及脚掌接触反力最大时的支撑角 β。

2. 数据筛选原则

（1）单个脚掌完全处于测力范围

在分析单个脚掌所受反力对运动的作用时，视整个脚掌为一个整体，要求所得脚掌反力数据能够完全反映此脚掌受力情况，因此单个脚掌必须完全处于测力范围内。单个脚掌与传感器承力片有两种接触方式：

① 单个脚掌完全处于某一传感器承片上，一个传感器的信号输出完全反映此脚掌的受力情况。

② 单个脚掌踩在两个传感器承力片上，脚掌的受力情况是这两个传感器的共同作用结果。在整个实验过程中，由于壁虎外形大小的差异性以及实验的随机性，单个脚掌的数据是比较难以获得的。考虑改进传感器阵列，增加承力片数量，以增加运动中的踩中率，提高实验效率。

（2）摆动角 φ 值不大于 5°

实验所得文本数据资料是以传感器坐标形式输出，分析脚掌运动反力作用时，用式(5.1)将传感器输出力转化到壁虎在体坐标系，这就要求获得与数据相对应的实时摆动角 φ。

壁虎脚掌与承力片之间相互作用是一个力的作用过程，而不是一个瞬间。壁虎脚掌从接触传感器承片，传感器有信号输出，到完全脱附，传感器没有信号输出，平均经历 400 ms(墙面:200 ms)，实际实验中采用的采样率为 1 000，也就意味着整个接触过程有 400 个数据点。相应的在运用式(5.1) 和式(5.2) 进行坐标系转化时就必须求的实时相对应的摆动角，即需要有 400 个实时的摆动角 φ。

实验中数据点的采样率为1 000,而高速摄像所得影像资料为215 帧/s,大约4 个数据点对应一幅影像图片,无法满足数据点与摆动角的一一对应。另一方面,通过实验影像资料求得摆动角,运用式(5.1) 和式(5.2) 进行分段转化时,使得整个数据分析工作量增大,而且在壁虎平稳直线运动过程中,摆动角的变化较小,分段转化的意义不大,因此在数据提取中,通过影像资料选出整个作用过程中摆动角数值不大于5°的。由于 $\sin(\pm 5°) \approx 0$ 、$\cos(\pm 5°) \approx 1$,当摆动角小于等于5°时,则式(5.2) 可化为

$$\left.\begin{aligned} F_{\mathrm{L}} &= -F_x \\ F_{\mathrm{F}} &= -F_y \\ F_{\mathrm{N}} &= -F_z \end{aligned}\right\} \tag{5.5}$$

对于那些运动平稳数据好,但运动中摆动角大于5°的,采用分段转化的方法进行数据处理。

3. 数据统计分析方法

由于动物的随意性,脚掌与运动表面的接触反力并不是恒定的,其运动规律和力学规律必须借助统计学的工具进行分析。本文对不同组别数据的差异性采用 T 检验的方法进行检验,通过计算概率 $P > 0.05$,则两组数据无显著性差异,反之则存在差异;对于两组或多组数据的线性回归采用方差分析(ANOVA) 检验其显著性,$P < 0.05$ 则线性显著,反之则认为没有显著线性关系。均值和标准偏差的计算分析使用软件MS Excel中函数average和函数stdev进行运算,而统计分析则采用软件 SPSS(SPSS Inc. ,Chicago,USA) 计算。

5.3 壁虎水平地面运动反力

将三维力传感器阵列水平放置,这时壁虎爬行通道为水平状态,可以模拟壁虎在水平地面爬行状态。

5.3.1 单个脚掌运动反力

1. 运动反力 - 时间曲线

(1) 左前腿

在运动过程中,由于壁虎身体左右的摆动,左前腿的侧向力存在正负变化,其正值((97.9 ± 43.1) mN,$N = 12$),指向身体中线,维持运动姿态,大小与速度无显著的线性关系(ANOVA,$R^2 = 0.126$,$F = 1.440$,d.f. = 1,10,$P = 0.258$);其负值((−27.0 ±19.9) mN,$N = 12$),远离

身体中线，大小与速度无显著的线性关（ANOVA，R^2 = 0.085，F = 0.935，d.f. = 1，10，P = 0.356）。左前腿受到的驱动力在运动前期为负值（（-94.9 ±53.0）mN，N = 12），与壁虎的运动方向相反，缓冲壁虎运动，与运动速度无显著的线性关（ANOVA，R^2 = 0.022，F = 0.221，d.f. = 1，10，P = 0.648）；后期左前腿的驱动力为正值（（75.7 ±38.50）mN，N = 12），与运动方向相同，促进质心的向前运动，与速度无显著的线性关系（ANOVA，R^2 = 0.043，F = 0.447，d.f. = 1，10，P = 0.519）。左前腿的法向力是运动反力三个分力中最大的（（418.1 ±51.0）mN，N = 12），始终为正即垂直于接触面向外，支撑壁虎身体体重，与运动速度无显著线性关系（ANOVA，R^2 = 0.001，F = 0.008，d.f. = 1，10，P = 0.930）（图 5.4（a））。

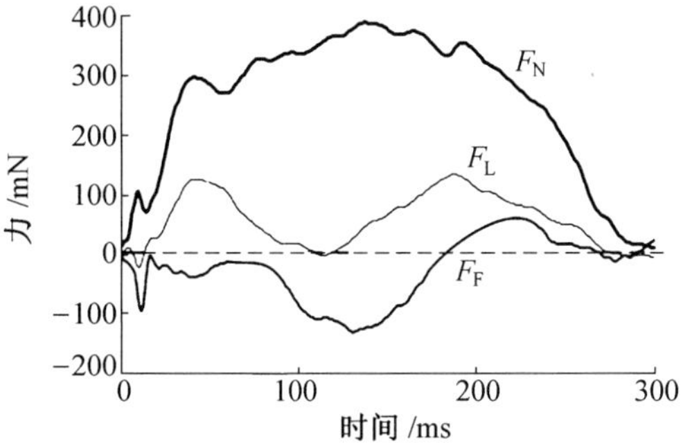

(a)

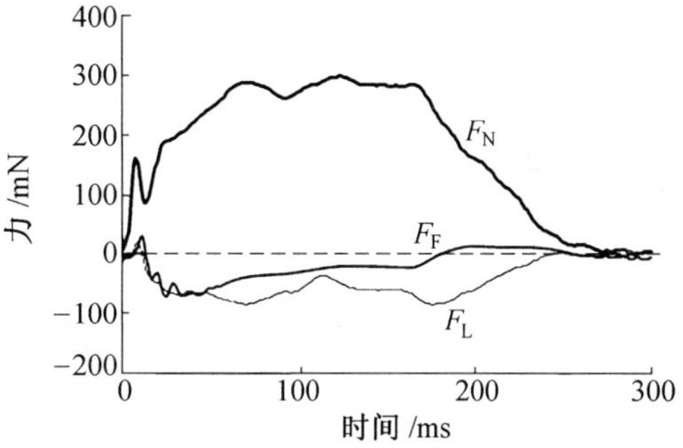

(b)

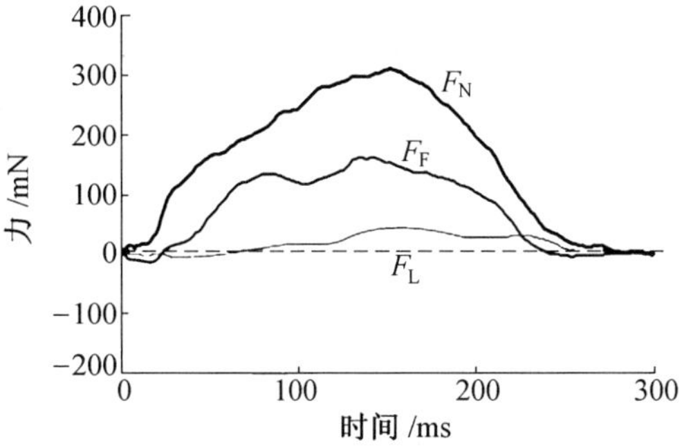

(c)

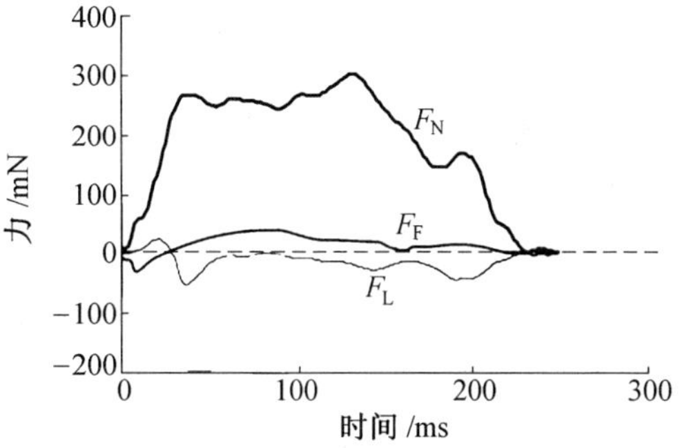

(d)

图 5.4　大壁虎水平面运动反力时间曲线图

（2）右前腿

在运动过程中，由于壁虎身体左右的摆动，右前腿的侧向力存在正负变化，其正值（（43.7 ±39.8）mN，N = 10），远离身体中线，大小与速度无显著的线性关系（ANOVA，R^2 = 0.038，F = 0.319，d.f. = 1，8，P = 0.588）；其负值（（-100.9 ±44.5）mN，N = 10），指向身体中线，维持运动姿态，大小与速度无显著的线性关系（ANOVA，R^2 = 0.067，F = 0.574，d.f. = 1，8，P = 0.470）。右前腿受到的驱动力在运动前期为负值（（-184.4 ±105.7）mN，N = 10），与壁虎的运动方向相反，缓冲壁虎向前运动，与运动速度有显著的线性关系（ANOVA，R^2 = 0.804，F = 32.739，d.f. = 1，8，P = 0.001）；后期右前腿的驱动力为正值（（61.4 ±45.3）mN，N = 10），与

运动方向相同，促进质心的向前运动，与速度无显著的线性关系（ANOVA，R^2 = 0.021，F = 0.175，d.f. = 1,8，P = 0.687）。右前腿的法向力是运动反力三个分力中最大的（(456.6 ± 106.7) mN，N = 10），始终为正即垂直于接触面向外，支撑壁虎身体体重，与运动速度无显著线性关系（ANOVA，R^2 = 0.114，F = 1.030，d.f. = 1,8，P = 0.340）（图5.4(b)）。

(3) 左后腿

在运动过程中，由于壁虎身体左右的摆动，左后腿的侧向力存在正负变化，其正值（(66.5 ± 23.7) mN，N = 13），指向身体中线，维持运动姿态，大小与速度无显著的线性关系（ANOVA，R^2 = 0.040，F = 0.462，d.f. = 1,11，P = 0.511）；其负值（(−38.1 ±19.5) mN，N = 13），远离身体中线，大小与速度无显著线性关系（ANOVA，R^2 = 0.075，F = 0.887，d.f. = 1,11，P = 0.367）。左后腿受到的驱动力在运动前期为负值（(−75.2 ±38.5) mN，N = 13），与壁虎的运动方向相反，缓冲壁虎向前运动，与运动速度有显著的线性关系（ANOVA，R^2 = 0.437，F = 8.318，d.f. = 1,11，P = 0.015）；后期左后腿的驱动力为正值（(101.1 ±12.5) mN，N = 13），与运动方向相同，促进质心的向前运动，与速度无显著的线性关系（ANOVA，R^2 = 0.001，F = 0.040，d.f. = 1,11，P = 0.951）。左后腿的法向力是运动反力三个分力中最大的（(296.5 ± 75.5) mN，N = 13），始终为正即垂直于接触面向外，支撑壁虎身体体重，与运动速度无显著线性关系（ANOVA，R^2 = 0.047，F = 0.545，d.f. = 1,11，P = 0.476）（图5.4(c)）。

(4) 右后腿

在运动过程中，由于壁虎身体左右的摆动，右后腿的侧向力存在正负变化，其正值（(33.0 ± 19.6) mN，N = 11），远离身体中线，大小与速度无显著的线性关系（ANOVA，R^2 = 0.299，F = 3.841，d.f. = 1,9，P = 0.082）；其负值（−69.3 ±36.4 mN，N = 11），指向身体中线，维持运动姿态，大小与速度存在显著的线性关系（ANOVA，R^2 = 0.584，F = 12.639，d.f. = 1,9，P = 0.006）。右后腿受到的驱动力在运动前期为负值（(−148.4 ±84.1) mN，N = 11），与壁虎的运动方向相反，缓冲壁虎向前运动，与运动速度有显著的线性关系（ANOVA，R^2 = 0.653，F = 16.9，d.f. = 1,9，P = 0.030）；后期右后腿的驱动力为正值（(91.5 ±85.4) mN，N = 11），与运动方向相同，促进质心的向前运动，与速度无显著的线性关系（ANOVA，R^2 = 0.032，F = 0.295，d.f. = 1,9，P = 0.600）。右后腿的法向力是运动反力三个分力中最大的（(358.5 ± 101.0) mN，N = 11），始终为正即垂直于接触面向外，支撑壁虎身体体重，与运动速度无显著线性关系（ANOVA，R^2 = 0.186，F = 2.059，d.f. = 1,9，P = 0.185）（图5.4(d)）。

2. 驱动角变化

壁虎脚掌与运动表面接触过程中，左前腿、右前腿、左后腿、右后腿的驱动角 α 分别在 0° ~180°、−180° ~ 0°、0° ~ 180°、−180° ~ 0°范围内变化。在切向力最大时随机变化性很大，均不存在明显的平滑段区域，$\Delta\alpha$ 变化幅度无法统计，故对于在水平面运动的壁虎不进行驱动角 α 的统计讨论（图5.5）。

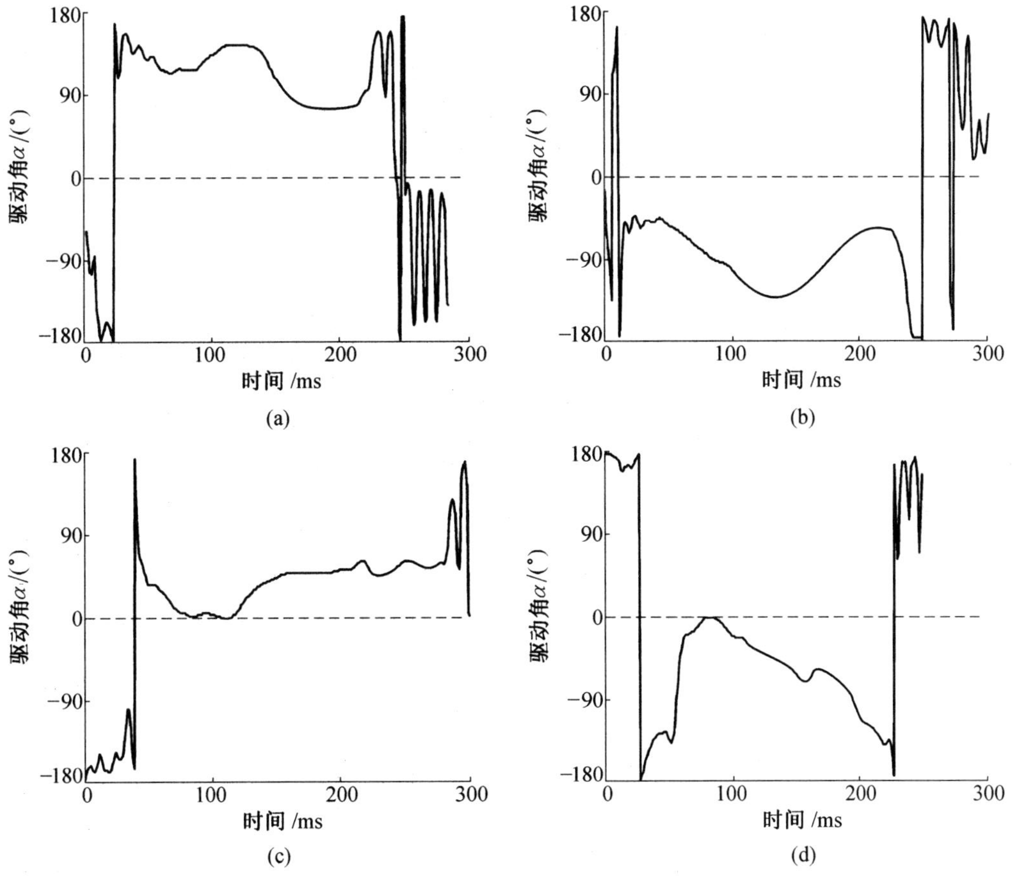

图 5.5　大壁虎水平面运动驱动角变化图

3. 支撑角变化

在壁虎脚掌与运动表面接触过程中,左前腿的支撑角 β 在运动反力最大处存在明显的平滑段($\Delta\beta$:12.55° ±4.21°,$N=12$),其值在 70° ~ 90° 范围内变化(77.14° ±4.85°,$N=12$),与速度无显著的线性关系(ANOVA,$R^2=0.137$,$F=1.593$, d.f. =1,10,$P=0.236$)。右前腿的支撑角 β 在运动反力最大处存在明显的平滑段($\Delta\beta$:10.61° ±6.23°,$N=10$),其值在 70° ~ 90° 范围内变化(74.88° ±11.34°,$N=10$),与速度无显著的线性关系(ANOVA,$R^2=0.375$,$F=4.800$, d.f. =1,8,$P=0.060$)。左后腿的支撑角 β 在运动反力最大处存在明显的平滑段($\Delta\beta$:11.57° ±5.69°,$N=13$),其值在 55° ~ −90° 范围内变化(71.57° ±14.18°,$N=13$),与速度无显著的线性关系(ANOVA,$R^2=0.048$,$F=0.560$, d.f. =1,11,$P=0.470$)。右后腿的支撑角 β 在运动反力最大处存在明显的平滑段($\Delta\beta$:11.41° ±4.33°,$N=11$),其值在 55° ~ 90° 范围内变化(71.09° ±13.42°,$N=11$),与速度存在显著的线性关系(ANOVA,$R^2=0.445$,$F=7.214$,d.f. =1,9,$P=0.025$)(图 5.6)。

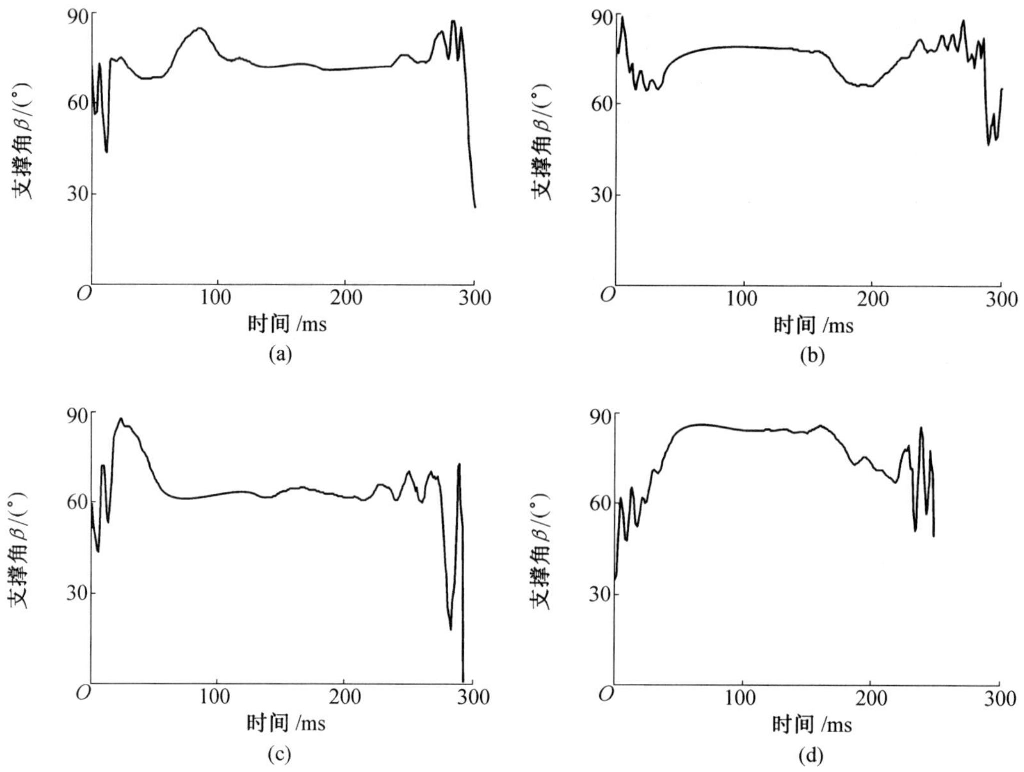

图 5.6　大壁虎水平面运动支撑角变化图

5.3.2　前后脚掌运动反力对比

1. 侧向力

壁虎在水平面运动时,由于身体左右摆动的原因,为保持运动姿态,故前后脚的测向力随着身体的摆动而改变方向,存在正负变化。前脚测向力数的负值(-34.6 ± 31.0 mN,$N=22$, $T=0.216$) 明显小于正值(99.2 ± 42.7 mN,$N=22$, $T=0.873$),正、负值与速度均无显著的线性关系(正值:ANOVA,$R^2=0.049$,$F=1.041$, d. f. $=1,20$,$P=0.320$;负值:ANOVA,$R^2=0.104$,$F=2.316$, d. f. $=1,20$,$P=0.144$);后脚的测向力的正值(51.1 ± 27.4 mN,$N=24$, $T=0.826$) 与负值大小(-52.4 ± 32.0 mN,$N=24$,$T=0.533$) 相当,其正值与速度均无显著的线性关系(ANOVA,$R^2=0.147$,$F=3.779$, d. f. $=1,22$,$P=0.065$) 但其负值与速度存在显著的线性关系(ANOVA,$R^2=0.324$,$F=10.588$, d. f. $=1,22$,$P=0.004$)(图 5.7(a))。

驱动力 壁虎在水平面运动时,前腿的负驱动力(-136.5 ± 27.4 mN,$N=22$,$T=0.128$) 明显大于其正驱动力(69.2 ± 41.4 mN,$N=22$,$T=0.431$)。后腿的负驱动力(-108.7 ± 72.3 mN, $N=24$,$T=0.119$) 与其正驱动力(96.6 ± 93.2 mN,$N=24$,$T=0.808$) 大小相当。前后腿的正值与速度均无显著的线性关系(前腿:ANOVA,$R^2=0.001$,$F=0.003$, d. f. $=1,20$,$P=$

0.957；后腿：ANOVA，$R^2=0.007$，$F=0.160$，d.f. $=1,22$，$P=0.693$），但前后腿驱动力的负值与速度存在显著的线性关系（前腿：ANOVA，$R^2=0.644$，$F=36.138$，d.f. $=1,20$，$P=0.001$；后腿：ANOVA，$R^2=0.532$，$F=25.053$，d.f. $=1,22$，$P=0.001$），表面前后腿在对运动的平稳性上存在主动控制，对其运动的加速存在较大的随意性。后腿的正驱动力均值是前腿的正驱动力均值的 1.4 倍，表明壁虎运动过程中，后腿提供了整个运动中的加速力，前腿起到一个减速稳定的作用。稳定爬行时壁虎前进的加速力取决于前后脚驱动力的差值（图 5.7(b)）。

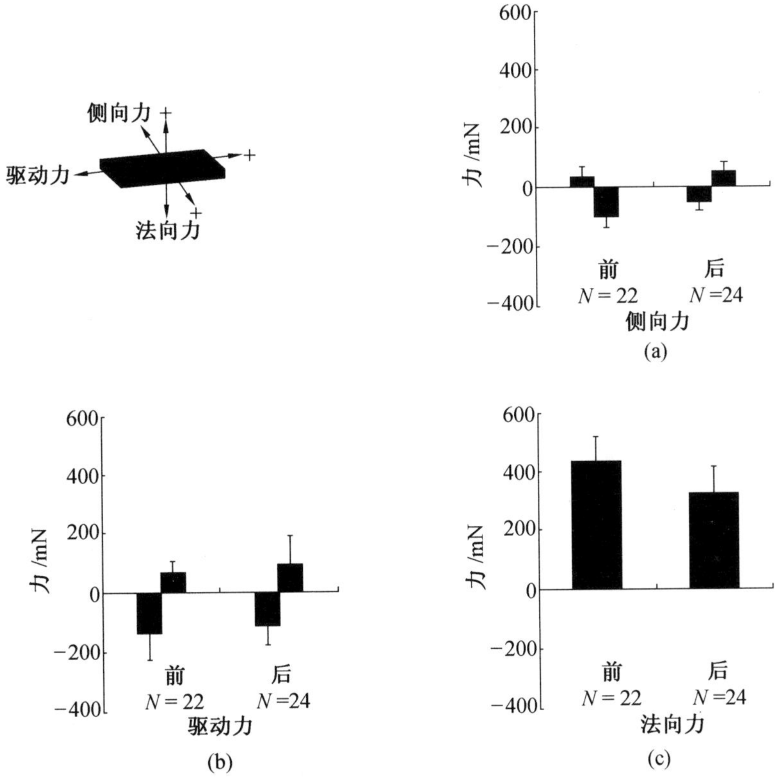

图 5.7 壁虎水平面前后脚掌运动反力平均值

2. 法向力

壁虎在水平面运动时，产生了较大的法向力用于支撑自身总量。前脚的法向力（435.6 ± 87.4 mN，$N=22$，$T=0.281$）占整个体重的68.0%，后脚的法向力（324.9 ± 91.7 mN，$N=24$，$T=0.099$）占体重的 50.7%，则一个前脚与一个后脚占体重之和大于 100%，保证了运动中脚掌对身体的支撑。并且前后脚的法向反力与运动速度均无显著的线性关系（前腿：ANOVA，$R^2=0.135$，$F=3.124$，d.f. $=1,20$，$P=0.092$；后腿：ANOVA，$R^2=0.148$，$F=3.835$，d.f. $=1,22$，$P=0.063$）（图 5.7(c)）。

3. 支撑角

壁虎在水平面的平稳运动中，前脚的支撑角波动较小（76.14 ±8.90°，$N=22$，$T=0.538$），前脚掌的受力方向基本不发生改变，与速度存在显著线性关系（ANOVA，$R^2=0.295$，$F=$

8.369, d.f. = 1,20,P = 0.009)。后脚的支撑角变化较大(71.35 ± 13.54°,N = 24,T = 0.933),大小与速度无线性关系(ANOVA,R^2 = 0.064,F = 1.496,d.f. = 1,22,P = 0.234)。

5.4 壁虎垂直墙面运动反力

将三维力传感器阵列旋转90°竖直放置,使阵列表面与地面垂直,这时壁虎爬行通道为垂直状态,可以模拟壁虎在墙面爬行状态。

5.4.1 单个脚掌运动反力

1. 运动反力 - 时间曲线

(1) 左前腿

在运动过程中,支撑相的初始阶段,左前腿与墙面接触并黏附,这一过程对墙面会有一定的冲击,产生对应的初始接触力,左前腿所产生的初始接触力三个分量中以法向分力(121.2 ± 68.1 mN,N = 10)和运动方向的分力(- 64.7 ± 93.2 mN,N = 10)较大,测向的冲击力较小(- 1.4 ±19.5 mN,N = 10),方向也较为随意;初始接触反力为154.6 ± 90.1 mN(N = 10),与速度无显著的线性关系(ANOVA,R^2 = 0.311,F = 3.612, d.f. = 1,8,P = 0.094)。左前腿的侧向力为负值(- 253.0 ± 128.31 mN,N = 10),指向身体外侧,与速度存在显著的线性关系(ANOVA,R^2 = 0.467,F = 7.007,d.f. = 1,8,P = 0.029)。左前腿受到的驱动力是运动反力三个分力中最大的(457.6 ± 81.9 mN,N = 10),与运动方向相同,促进质心的向上运动,为运动提供加速力,与速度无显著的线性关系(ANOVA,R^2 = 0.392,F = 5.160, d.f. = 1,8,P = 0.053)。左前腿的法向力始终为负值(- 147.8 ±60.9 mN,N = 10),提供必要的黏附力,与运动速度存在显著的线性关系(ANOVA,R^2 = 0.660,F = 15.449, d.f. = 1,8,P = 0.004)(图5.8(a))。

(2) 右前腿

在运动过程中,支撑相的初始阶段,右前腿与墙面接触并黏附,这一过程对墙面会有一定的冲击,产生对应的初始接触力,右前腿所产生的初始接触力三个分量中以法向分力(170.5 ± 53.8 mN,N = 10)和运动方向的分力(- 88.5 ± 89.5 mN,N = 10)较大,测向的冲击力较小(11.4 ±26.7 mN,N = 10),方向也较为随意;初始接触反力为203.6 ±82.1 mN(N = 10),与速度无显著的线性关系(ANOVA,R^2 = 0.317,F = 3.712, d.f. = 1,8,P = 0.090)。右前腿的侧向力为正值(171.4 ±91.9 mN,N = 10),指向身体外侧,与速度无显著的线性关系(ANOVA,R^2 = 0.112,F = 1.011,d.f. = 1,8,P = 0.344)。右前腿受到的驱动力是运动反力三个分力中最大的(475.8 ± 81.9 mN,N = 10),与运动方向相同,促进质心的向上运动,为运动提供加速力,与速度无显著的线性关系(ANOVA,R^2 = 0.114,F = 1.029, d.f. = 1,8,P = 0.340)。右前腿的法向力始终为负值(- 150.5 ±55.6 mN,N = 10),提供必要的黏附力,与运动速度存在显著的线性关系(ANOVA, $R^2 = 0.043$, $F = 0.357$, d.f. = 1,8, $P = 0.567$)(图 5.8(b))。

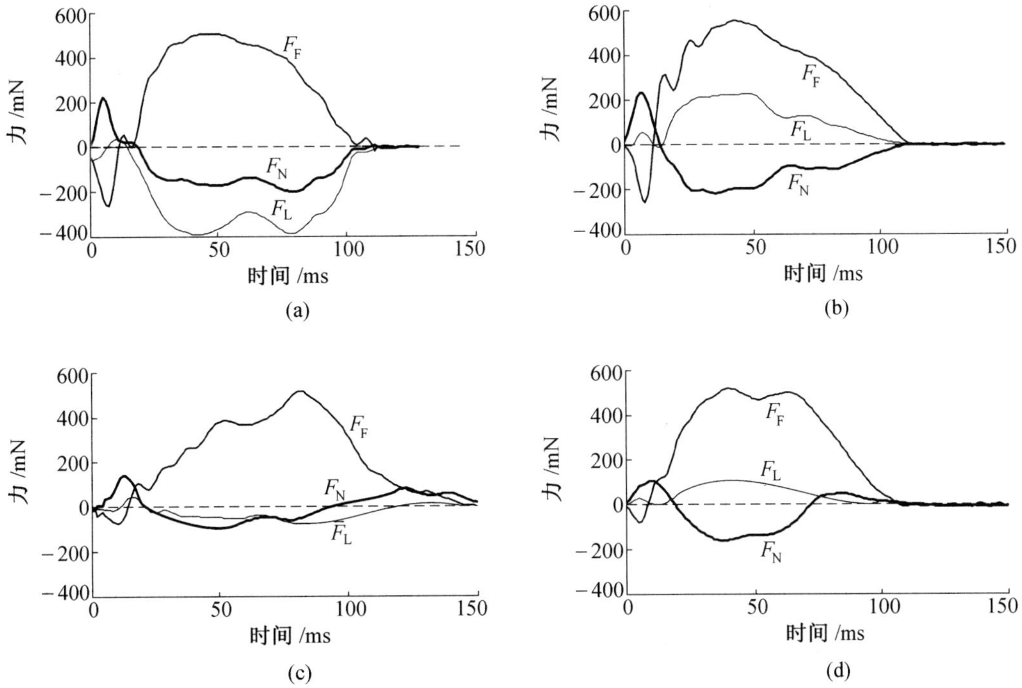

图 5.8　大壁虎垂直面运动反力时间曲线图

(3) 左后腿

在运动过程中,支撑相的初始阶段,左后腿与墙面接触并黏附,这一过程对墙面会有一定的冲击,产生对应的初始接触力,左后腿所产生的初始接触力三个分量中以法向分力(111.5 ± 71.0 mN, $N = 10$) 和运动方向的分力(−96.3 ± 99.3 mN, $N = 10$) 较大,测向的冲击力较小(−7.7 ±16.8 mN, $N = 10$),方向也较为随意;初始接触反力为 156.7 ±109.8 mN($N = 10$),与速度无显著的线性关系(ANOVA, $R^2 = 0.216$, $F = 2.207$, d.f. = 1,8, $P = 0.176$)。左后腿的侧向力为负值(−228.5 ± 148.2 mN, $N = 10$),指向身体外侧,与速度无显著的线性关系(ANOVA, $R^2 = 0.073$, $F = 0.631$, d.f. = 1,8, $P = 0.450$)。左后腿受到的驱动力是运动反力三个分力中最大的(444.7 ±136.7 mN, $N = 10$),与运动方向相同,促进质心的向上运动,为运动提供加速力,与速度无显著的线性关系(ANOVA, $R^2 = 0.091$, $F = 0.797$, d.f. = 1,8, $P = 0.398$)。左后腿的法向力方向比较随意,产生的黏附力(−108.9 ±62.2 mN, $N = 10$) 将身体拉向墙面,与运动速度无显著的线性关系(ANOVA, $R^2 = 0.229$, $F = 2.372$, d.f. = 1,8, $P = 0.162$);正法向力(128.1 ±62.3 mN, $N = 10$) 将身体推离运动表面,与运动速度无显著的线性关系(ANOVA, $R^2 = 0.167$, $F = 1.609$, d.f. = 1,8, $P = 0.240$)(图 5.8(c))。

(4) 右后腿

在运动过程中,支撑相的初始阶段,右后腿与墙面接触并黏附,这一过程对墙面会有一定的冲击,产生对应的初始接触力,右后腿所产生的初始接触力三个分量大小相当,法向分力为 90.4 ±49.2 mN($N = 10$)、驱动分力为 54.8 ±221.8 mN ($N = 10$) 较大,测向分力为 −66.5 ±

87.4 mN(N = 10);初始接触反力为 198.9 ± 180.5 mN(N = 10),与速度无显著的线性关系(ANOVA, R^2 = 0.035, F = 0.293, d.f. = 1,8, P = 0.603)。右后腿的侧向力为正值(189.9 ± 124.5 mN, N = 10),指向身体外侧,与速度无显著的线性关系(ANOVA, R^2 = 0.154, F = 1.451, d.f. = 1,8, P = 0.263)。R^2 受到的驱动力是运动反力三个分力中最大的(465.5 ± 140.5 mN, N = 10),与运动方向相同,促进质心的向上运动,为运动提供加速力,与速度存在显著的线性关系(ANOVA, R^2 = 0.416, F = 5.692, d.f. = 1,8, P = 0.044)。右后腿的法向力方向比较随意,产生的黏附力(− 79.7 ± 45.0 mN, N = 10)将身体拉向墙面,与运动速度无显著的线性关系(ANOVA, R^2 = 0.394, F = 5.193, d.f. = 1,8, P = 0.052);正法向力(102.5 ± 47.9 mN, N = 10)将身体推离运动表面,与运动速度无显著的线性关系(ANOVA, R^2 = 0.020, F = 0.105, d.f. = 1,8, P = 0.695)(图 5.8(d))。

2. 驱动角变化

在壁虎脚掌与运动表面接触过程中,左前腿的驱动角 α 在运动反力最大处存在明显的平滑段($\Delta\alpha$:6.79° ± 2.34°, N = 10),其值在 − 40° ~ − 10° 范围内变化(− 26.91° ± 13.76°, N = 10),与速度存在显著的线性关系(ANOVA, R^2 = 0.660, F = 15.507, d.f. = 1,8, P = 0.004)。右前腿的驱动角 α 在运动反力最大处存在明显的平滑段($\Delta\alpha$:8.11° ± 3.25°, N = 10),其值在 10° ~ 30° 范围内变化(17.53° ± 13.37°, N = 10),与速度无显著的线性关系(ANOVA, R^2 = 0.181, F = 1.767, d.f. = 1,8, P = 0.220)。左后腿的驱动角 α 在运动反力最大处存在明显的平滑段($\Delta\alpha$:6.02° ± 3.11°, N = 10),其值在 − 40° ~ − 10° 范围内变化(− 24.31° ± 21.39°, N = 10),与速度存在显著的线性关系(ANOVA, R^2 = 0.104, F = 0.926, d.f. = 1,8, P = 0.364)。右后腿的驱动角 α 在运动反力最大处存在明显的平滑段($\Delta\alpha$:7.37° ± 2.87°, N = 10),其值在 − 10° ~ 20° 范围内变化(7.01° ± 12.47°, N = 10),与速度无显著的线性关系(ANOVA, R^2 = 0.011, F = 0.092, d.f. = 1,8, P = 0.769)(图 5.9)。

3. 支撑角变化

在壁虎脚掌与运动表面接触过程中,左前腿的支撑角 β 在运动反力最大处存在明显的平滑段($\Delta\beta$:9.37° ± 2.59°, N = 10),其值在 − 30° ~ − 10° 范围内变化(− 14.45° ± 7.45°, N = 10),与速度存在显著的线性关系(ANOVA, R^2 = 0.650, F = 14.850, d.f. = 1,8, P = 0.005)。右前腿的支撑角 β 在运动反力最大处存在明显的平滑段($\Delta\beta$:8.87° ± 3.41°, N = 10),其值在 − 30° ~ − 10° 范围内变化(− 15.1° ± 5.57°, N = 10),与速度无显著的线性关系(ANOVA, R^2 = 0.375, F = 4.800, d.f. = 1,8, P = 0.060)。左后腿的支撑角 β 在运动反力最大处存在明显的平滑段($\Delta\beta$:5.22° ± 2.31°, N = 10),其值在 − 20° ~ 10° 范围内变化(− 5.78° ± 7.67°, N = 10),与速度无显著的线性关系(ANOVA, R^2 = 0.030, F = 0.251, d.f. = 1,8, P = 0.630)。右后腿的支撑角 β 在运动反力最大处存在明显的平滑段($\Delta\beta$:9.03° ± 2.28°, N = 10),其值在 − 10° ~ 10° 范围内变化(0.40° ± 11.19°, N = 10),与速度无显著的线性关系(ANOVA, R^2 = 0.081, F = 0.108, d.f. = 1,8, P = 0.425)(图 5.10)。

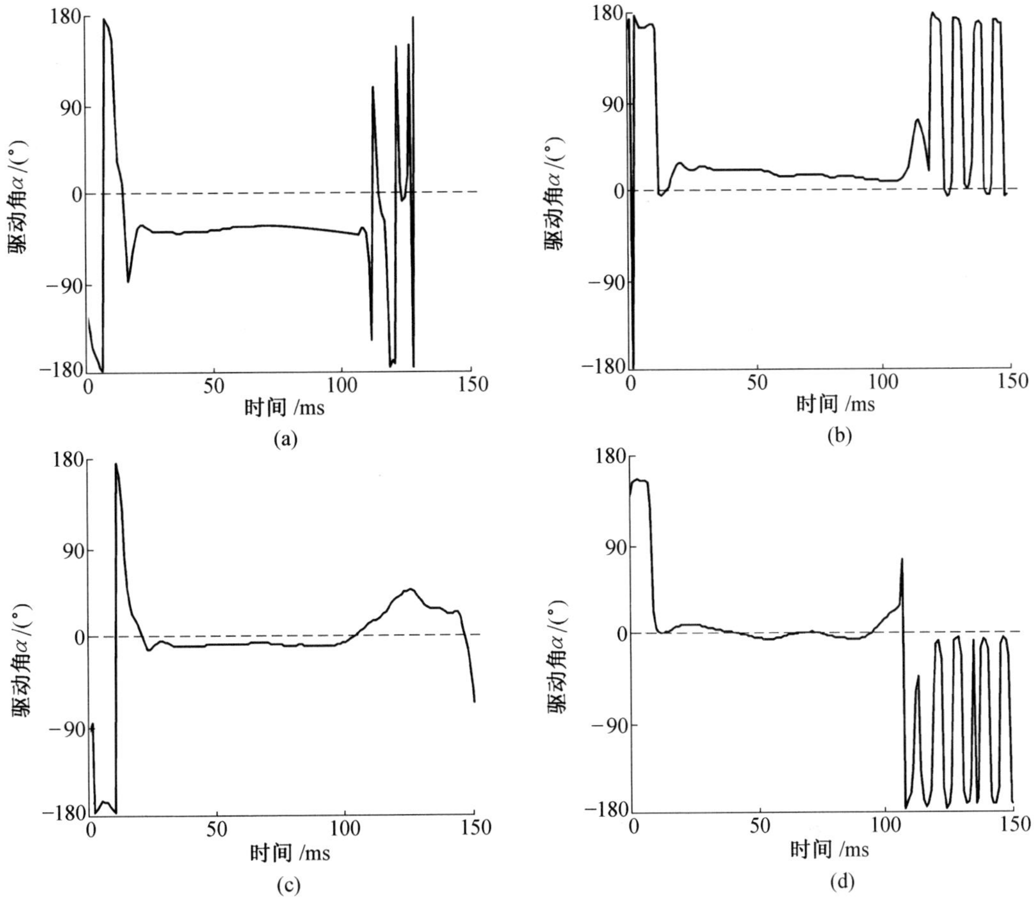

图 5.9　大壁虎垂直面运动驱动角变化图

5.4.2　前后脚掌运动反力对比

1. 初始接触冲击力

前脚的初始冲击力在测向、驱动、法向三个方向上的峰值分别为6.4 ±23.31 mN ($N = 20$, $T = 0.348$)、−76.6 ±89.8 mN($N = 20$, $T = 0.569$)、145.8 ±64.9 mN($N = 20$, $T = 0.090$)，冲击力合力峰值 179.1 ±87.5 mN($N = 20$, $T = 0.110$)，初始接触冲击力与速度存在显著线性关系(ANOVA, $R^2 = 0.266$, $F = 6.528$, d.f. = 1,18, $P = 0.020$)，随着速度的提高冲击力增加；后脚的初始冲击力较前脚要小，随意性也较大，在侧向、驱动、法向三个方向上的峰值分别为 −37.1 ±68.2 mN($N = 20$, $T = 0.051$)、−20.8 ±184.3 mN($N = 20$, $T = 0.065$)、100.9 ±60.4 mN($N = 20$, $T = 0.450$)，冲击力峰值 177.8 ±147.0 mN($N = 20$, $T = 0.269$)，初始接触冲击力与速度无显著线性关系(ANOVA, $R^2 = 0.058$, $F = 1.10$, d.f. = 1,18, $P = 0.309$)，随着速度的提高冲击力有所增加。

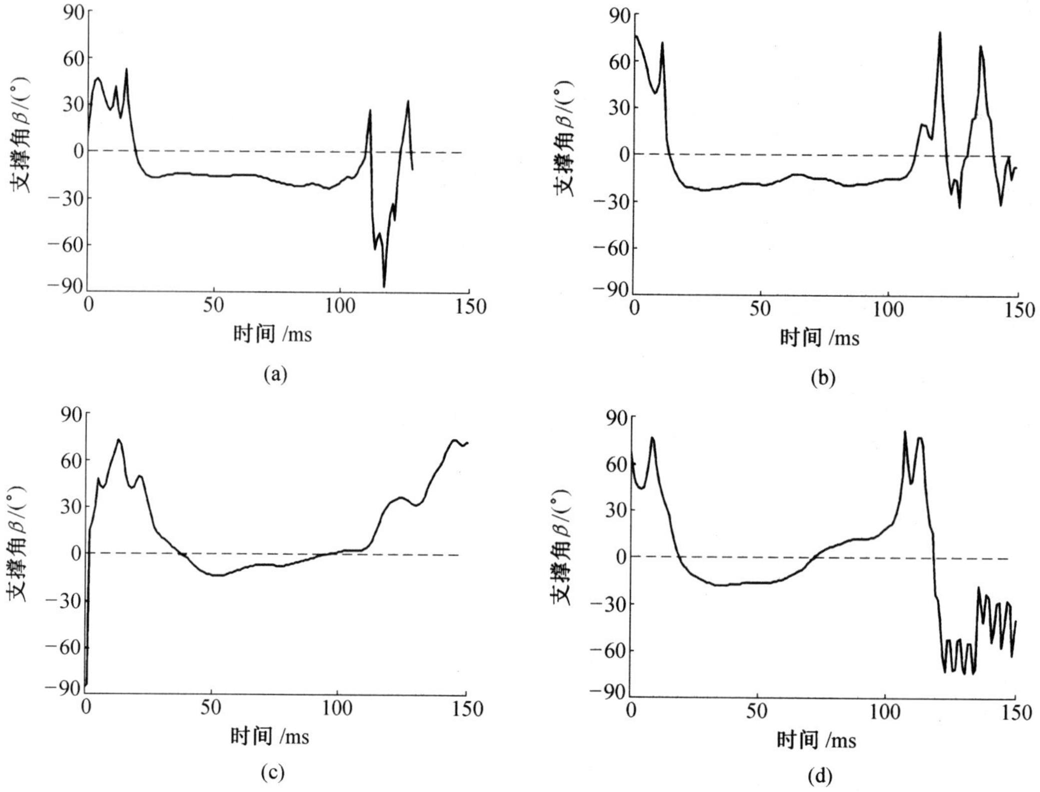

图 5.10　大壁虎垂直面运动支撑角变化图

2. 侧向力

在侧向上，脚掌主要受到指向身体外侧的侧向力，即左脚受到指向身体左侧的力，右脚受到指向身体右侧的力。前脚的侧向力严格遵循上述规律，后脚的侧向力方向存在波动。侧向力的峰值在每步的中段出现，前脚的侧向力（212.2 ±116.4 mN，N = 20，T = 0.119）略大于较后脚（209.2 ±134.7 mN，N = 20，T = 0.536），侧向力约为法向力的1.5倍。前脚侧向力与速度存在显著线性关系（ANOVA，R^2 = 0.294，F = 7.510，d.f. = 1，18，P = 0.013），速度提高侧向力相应增加；后脚的侧向力与速度无显著的线性相关性（ANOVA，R^2 = 0.0869，F = 1.71，d.f. = 1，18，P = 0.207）（图 5.11（a））。

3. 驱动力

壁虎垂直向上攀爬过程中，驱动力需要克服重力的阻碍作用，使壁虎身体产生足够的加速度和速度。两脚的驱动力峰值出现于每步的中段，前脚驱动力占整个体重的 72.8%（466.7 ± 80.2 mN，N = 20，T = 0.626），后脚驱动力占体重的 71.0%（455.1 ± 135.4 mN，N = 20，T = 0.741），对角步态驱动的两脚提供的驱动力约为体重的 1.43 倍，保证了整个运动的稳定性并提供了必须的动力。两脚的驱动力均与速度存在显著线性关系（ANOVA，前脚R^2 = 0.249，F = 5.975，d.f. = 1，18，P = 0.025；后脚：R^2 = 0.241，F = 5.718，d.f. = 1，18，P = 0.028），其中前脚

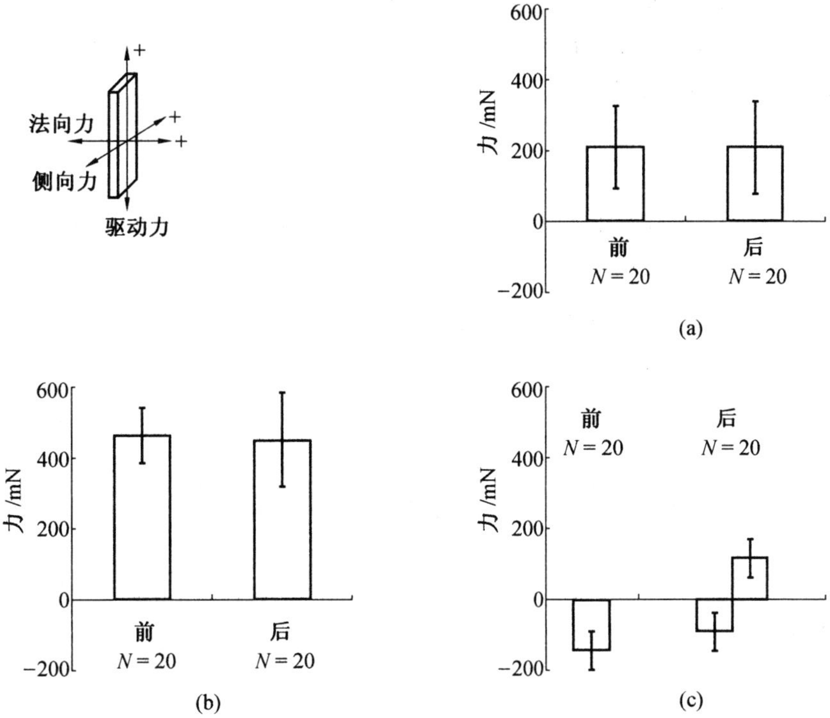

图 5.11　壁虎垂直面前后脚掌运动反力平均值

的驱动力随着运动速度的提高而减小,而后脚的驱动力随着速度的提高相应增加。四脚掌所受的驱动力方向与运动方向相同向上,克服重力的作用,推动壁虎向上运动,支撑的一对脚驱动力合力大于壁虎所受重力时,壁虎运动加速,合力小于重力作用时则壁虎的运动减速,脚掌不产生阻碍运动的力(图 5.11(b))。

4. 法向力

前脚掌始终受到黏附力将身体拉向墙面,后腿的法向力在每步的前半段将身体拉向墙面,后半段则将身体推离墙面。前脚法向力的峰值出现于每步的中段,约为驱动力的 30%(−149.1 ±56.8 mN,$N=20$,$T=0.918$),与速度存在显著线性相关(ANOVA,$R^2=0.3106$,$F=8.11$,d.f. = 1,18,$P=0.011$),速度提高法向力值线性增加;后脚的黏附力(−94.3 ±12.6 mN,$N=20$,$T=0.244$)小于蹬离墙面的力(115.3 ±12.8 mN,$N=20$,$T=0.316$)。后脚前半步黏附力峰值与速度无显著线性相关(ANOVA,$R^2=0.078$,$F=1.516$,d.f. = 1,18,$P=0.234$),后半步正向法向力的峰值则与速度存在显著线性相关(ANOVA,$R^2=0.217$,$F=4.978$,d.f. = 1,18,$P=0.039$),速度增加该力相应增加(图 5.11(c))。

5. 驱动角

在初始冲击后,前脚的驱动角基本恒定,即平面内脚掌的受力方向基本不变。前脚的驱动角(22.21 ±14.10°,$N=20$,$T=0.139$)与速度存在显著的线性关系(ANOVA,$R^2=0.399$,$F=$

11.432, d.f. = 1,18, P = 0.003)，伴随速度增加角度线性增加。由于后脚在运动中的随意性，后脚的驱动角波动相对较大(13.78 ± 16.74°, N = 20, T = 0.069)，与速度无线性关系(ANOVA, R^2 = 0.004, F = 0.703, d.f. = 1,18, P = 0.413)。

6. 支撑角

在初始冲击后，前脚的支撑角基本恒定，前脚的支撑角β(- 14.80° ±6.41°, N = 20, T = 0.853) 与速度存在显著的线性关系(ANOVA, R^2 = 0.401 8, F = 12.09, d.f. = 1,18, P = 0.003)，伴随速度增加角度线性增加，其最大值为24.2° < 30°(脚掌刚毛的临界脱附角)。后脚的支撑角 β 波动相对较大(- 1.53° ± 10.85°, N = 20, T = 0.441)，与速度无线性关系(ANOVA, R^2 =0.011, F =0.193, d.f. =1,18, P =0.666)，且后脚黏附时的支撑脚均小于30°。

5.5 壁虎天花板表面运动反力

将三维力传感器阵列旋转 180°，使阵列表面与地面平行，这时壁虎爬行通道为天花板状态，可以模拟壁虎在天花板爬行状态。

5.5.1 单个脚掌运动反力

1. 运动 - 反力时间曲线

(1) 左前腿

在运动过程中，支撑相的初始阶段，左前腿与天花板表面接触并黏附，这一过程对天花板会有一定的冲击，产生对应的初始接触力，左前腿所产生的初始接触力三个分量中以法向分力(221.8 ±86.7 mN, N = 10) 最大，测向分力最小(- 18.5 ±41.4 mN, N = 10)，方向较为随意，运动方向的分力为 - 75.1 ±67.9 mN(N = 10)；初始接触反力为244.1 ±94.5 mN(N = 10)，与速度无显著的线性关系(ANOVA, R^2 =0.261, F =2.822, d.f. =1,8, P =0.131)。左前腿的侧向力始终为负值(- 522.6 ±107.0 mN, N = 10)，指向身体外侧，与速度存无显著的线性关系(ANOVA, R^2 = 0.248, F = 2.633, d.f. = 1,8, P = 0.143)。左前腿受到的驱动力是运动反力三个分力中最大的(818.9 ±202.4 mN, N = 10)，与运动方向相同，促进质心的向前运动，为运动提供加速力，与速度无显著的线性关系(ANOVA, R^2 = 0.335, F = 4.030, d.f. = 1,8, P = 0.080)。左前腿的法向力始终为负值(- 509.7 ±111.1 mN, N = 10)，提供运动中必要的黏附力，与运动速度无显著的线性关系(ANOVA, R^2 = 0.290, F = 3.262, d.f. = 1,8, P = 0.109)(图 5.12(a))。

(2) 右前腿

在运动过程中，支撑相的初始阶段，右前腿与天花板表面接触并黏附，这一过程对天花板会有一定的冲击，产生对应的初始接触力，右前腿所产生的初始接触力三个分量中以法向分力

(170.6 ±80.0 mN, $N=10$) 最大，测向分力最小(3.3 ±66.5 mN, $N=10$)，方向较为随意，运动方向的分力为 −100.3 ±76.3 mN($N=10$)；初始接触反力为213.3 ±96.8 mN($N=10$)，与速度存在显著的线性关系(ANOVA, $R^2=0.478$, $F=7.311$, d.f. =1,8, $P=0.027$)。右前腿的侧向力始终为正值(434.5 ±128.3 mN, $N=10$)，指向身体外侧，与速度存无显著的线性关系(ANOVA, $R^2=0.004$, $F=0.034$, d.f. =1,8, $P=0.857$)。右前腿受到的驱动力是运动反力三个分力中最大的(655.9 ±163.3 mN, $N=10$)，与运动方向相同，促进质心的向前运动，为运动提供加速力，与速度无显著的线性关系(ANOVA, $R^2=0.069$, $F=0.589$, d.f. =1,8, $P=0.465$)。右前腿的法向力始终为负值(−430.7 ±106.3 mN, $N=10$)，提供运动中必要的黏附力，与运动速度存在显著的线性关系(ANOVA, $R^2=0.479$, $F=7.352$, d.f. =1,8, $P=0.027$)(图5.12(b))。

(3) 左后腿

在运动过程中，支撑相的初始阶段，左后腿与天花板表面接触并黏附，这一过程对天花板会有一定的冲击，产生对应的初始接触力，左后腿所产生的初始接触力三个分量中以法向分力(91.93 ±85.5 mN, $N=11$)与运动方向的分力(−69.5 ±87.7 mN, $N=11$)较大，测向分力最小(−1.3 ±20.6 mN, $N=11$)，方向较为随意；初始接触反力为125.8 ±112.5 mN($N=11$)，与速度无显著的线性关系(ANOVA, $R^2=0.260$, $F=3.157$, d.f. =1,9, $P=0.109$)。左后腿的侧向力始终为负值(−448.6 ±164.9 mN, $N=11$)，指向身体外侧，与速度存无显著的线性关系(ANOVA, $R^2=0.001$, $F=0.000$, d.f. =1,9, $P=0.990$)。左后腿受到的驱动力是运动反力三个分力中最大的(−610.8 ±199.6 mN, $N=11$)，与运动方向相反，降低质心的速度，保证运动的稳定性，与速度无显著的线性关系(ANOVA, $R^2=0.192$, $F=3.382$, d.f. =1,9, $P=0.099$)。左后腿的法向力始终为负值(−380.2 ±100.4 mN, $N=11$)，提供运动中必要的黏附力，与运动速度无显著的线性关系(ANOVA, $R^2=0.093$, $F=0.932$, d.f. =1,8, $P=0.362$)(图5.12(c))。

(4) 右后腿

在运动过程中，支撑相的初始阶段，右后腿与天花板表面接触并黏附，这一过程对天花板会有一定的冲击，产生对应的初始接触力，右后腿所产生的初始接触力三个分量中以法向分力(109.0 ±52.0 mN, $N=10$)与运动方向的分力(−116.0 ±114.1 mN, $N=10$)较大，测向分力最小(44.6 ±79.1 mN, $N=10$)，方向较为随意；初始接触反力为182.8 ±123.4 mN($N=10$)，与速度无显著的线性关系(ANOVA, $R^2=0.069$, $F=0.589$, d.f. =1,8, $P=0.465$)。右后腿的侧向力始终为正值(565.5 ±168.4 mN, $N=10$)，指向身体外侧，与速度存无显著的线性关系(ANOVA, $R^2=0.203$, $F=2.031$, d.f. =1,8, $P=0.192$)。右后腿受到的驱动力是运动反力三个分力中最大的(−588.3 ±220.3 mN, $N=10$)，与运动方向相反，降低质心的速度，保证运动的稳定性，与速度无显著的线性关系(ANOVA, $R^2=0.081$, $F=0.703$, d.f. =1,8, $P=0.426$)。右后腿的法向力始终为负值(−354.7 ±89.4 mN, $N=10$)，提供运动中必要的黏附力，与运动速度无显著的线性关系(ANOVA, $R^2=0.058$, $F=0.492$, d.f. =1,8, $P=0.503$)(图5.12(d))。

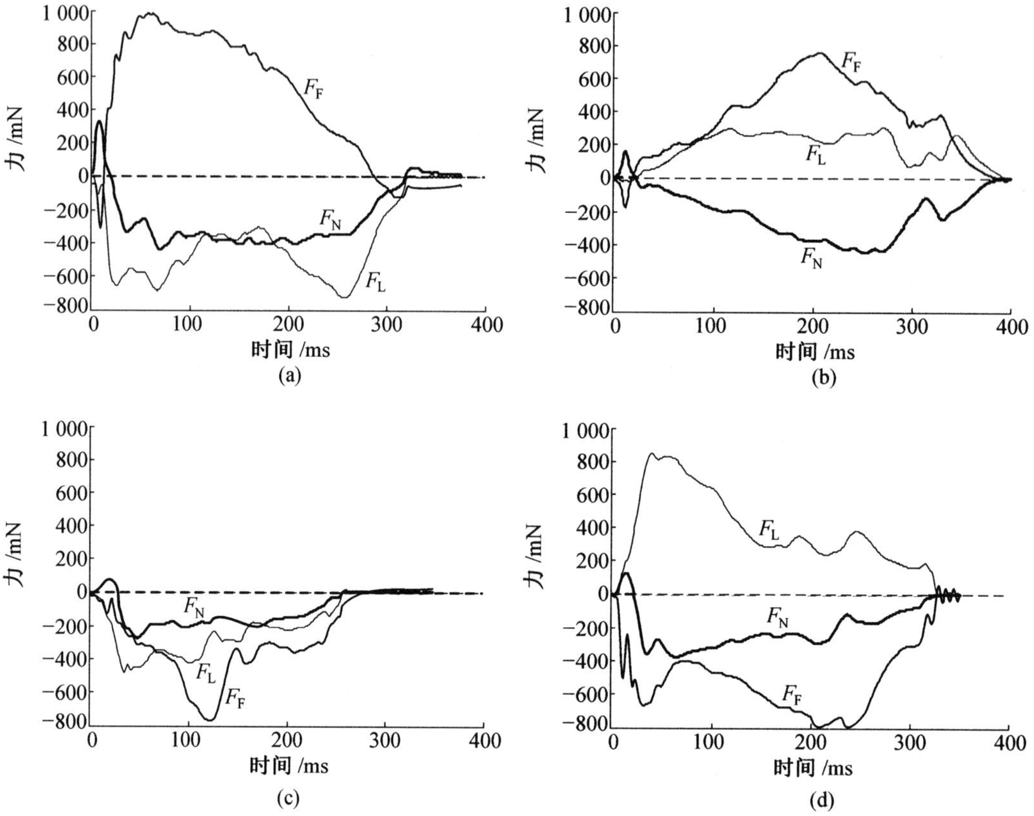

图 5.12　大壁虎天花板表面运动反力时间曲线图

2. 驱动角变化

在壁虎脚掌与运动表面接触过程中，左前腿的驱动角 α 在运动反力最大处存在明显的平滑段（$\Delta\alpha$:8.77° ±3.23°，N = 10），其值在 −50° ~ −10° 范围内变化（−30.98° ±16.49°，N = 10），与速度无显著的线性关系（ANOVA，R^2 = 0.364，F = 4.576，d.f. = 1,8，P = 0.065）。右前腿的驱动角 α 在运动反力最大处存在明显的平滑段（$\Delta\alpha$:7.91° ±2.53°，N = 10），其值在 10° ~40° 范围内变化（27.36° ±13.19°，N = 10），与速度无显著的线性关系（ANOVA，R^2 = 0.037，F = 0.309，d.f. = 1,8，P = 0.593）。左后腿的驱动角 α 在运动反力最大处存在明显的平滑段（$\Delta\alpha$:7.83° ±3.71°，N = 10），其值在 −170° ~ −120° 范围内变化（−145.21° ±29.64°，N = 11），与速度无显著的线性关系（ANOVA，R^2 = 0.075，F = 0.728，d.f. = 1,9，P = 0.416）。右后腿的驱动角 α 在运动反力最大处存在明显的平滑段（$\Delta\alpha$:8.21° ±3.14°，N = 10），其值在 120° ~ 160° 范围内变化（137.67° ±23.36°，N = 10），与速度无显著的线性关系（ANOVA，R^2 = 0.030，F = 0.244，d.f. = 1,8，P = 0.635）（图 5.13）。

3. 支撑角变化

在壁虎脚掌与运动表面接触过程中，左前腿的支撑角 β 在运动反力最大处存在明显的平

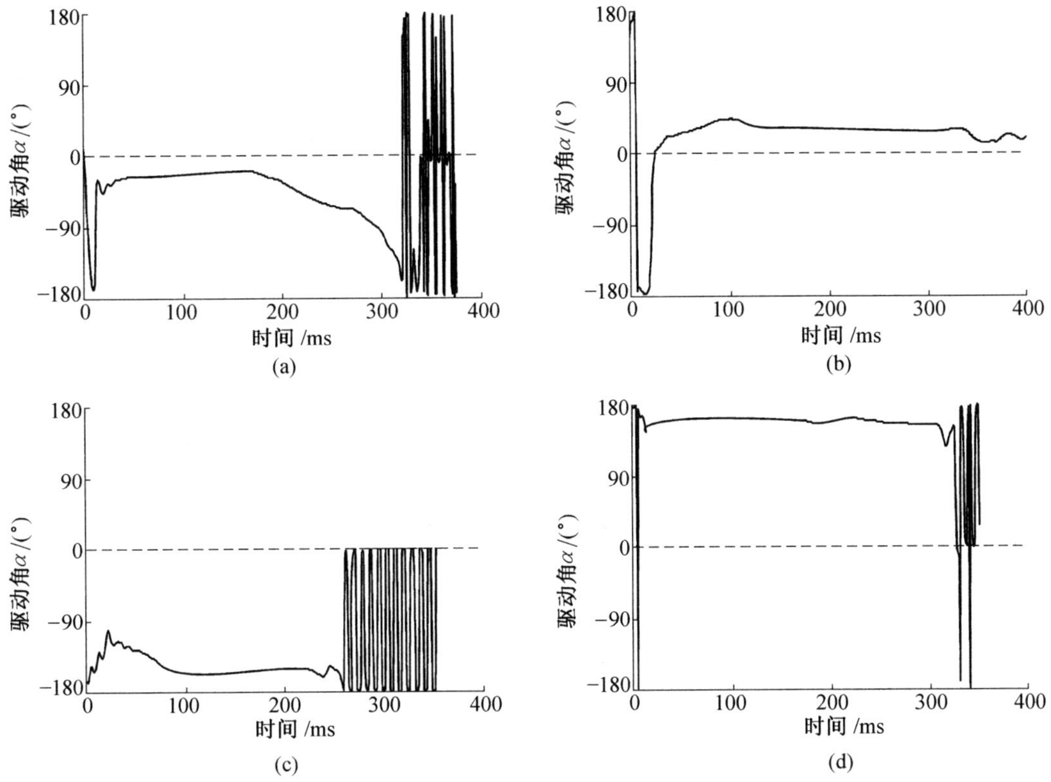

图 5.13　大壁虎天花板表面运动驱动角变化图

滑段($\Delta\beta$:5.44° ±1.43°,N = 10),其值在 −40° ~ −20° 范围内变化(−28.27° ±5.36°,N = 10),与速度无显著的线性关系(ANOVA, R^2 = 0.069,F = 0.597, d.f. = 1,8,P = 0.462)。右前腿的支撑角 β 在运动反力最大处存在明显的平滑段($\Delta\beta$:6.31° ±1.71°,N = 10),其值在 −40° ~ −20° 范围内变化(−27.09° ±9.34°,N = 10),与速度无显著的线性关系(ANOVA, R^2 = 0.126,F = 1.157, d.f. = 1,8,P = 0.313)。左后腿的支撑角 β 在运动反力最大处存在明显的平滑段($\Delta\beta$:5.83° ±1.22°,N = 10),其值在 −30° ~ −10°范围内变化(−22.49° ±8.99°,N = 11),与速度无显著的线性关系(ANOVA, R^2 = 0.103,F = 1.031, d.f. = 1,9,P = 0.336)。右后腿的支撑角 β 在运动反力最大处存在明显的平滑段($\Delta\beta$:6.03° ±2.00°,N = 10),其值在 −40° ~ −10° 范围内变化(−27.08° ±10.44°,N = 10),与速度存在显著的线性关系(ANOVA, R^2 = 0.407,F = 5.486, d.f. = 1,8,P = 0.047)(图 5.14)。

5.5.2　前后脚掌运动反力对比

1. 初始接触冲击力

前脚的初始冲击力在侧向、驱动、法向三个方向上的峰值分别为 −11.4 ±54.4 mN(N = 20,T = 0.547)、−87.7 ±71.5 mN(N = 20,T = 0.445)、196.1 ±64.9 mN(N = 20,T = 0.187),

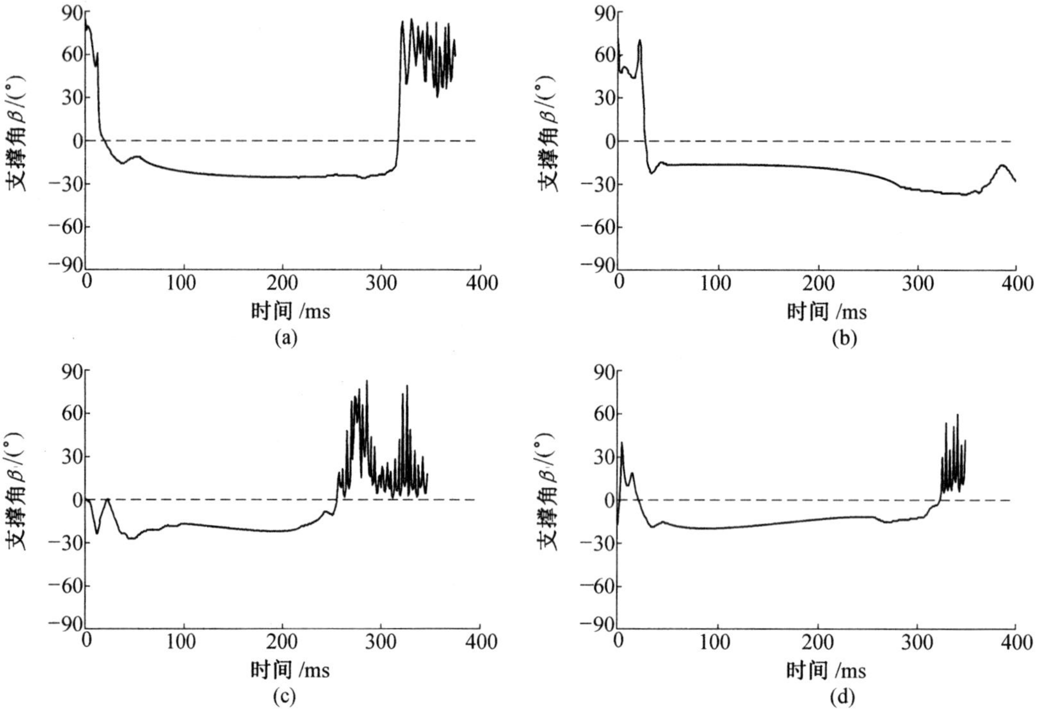

图 5.14　大壁虎天花板表面运动支撑角变化图

冲击力合力峰值 228.9 ± 94.3 mN(N = 20, T = 0.244)，初始接触冲击力与速度无显著线性关系(ANOVA, R^2 = 0.167, F = 3.811, d.f. = 1,18, P = 0.066)；后脚的初始冲击力较前脚要小(152.9 ± 118.4 mN, N = 21, T = 0.142)，随意性也较大，与速度存在显著线性关系(ANOVA, R^2 = 0.216, F = 1.19, d.f. = 1,19, P = 0.020)，随着速度的提高冲击力有所增加。在侧向、驱动、法向三个方向上的峰值分别为 20.5 ± 59.8 mN(N = 21, T = 0.106)、− 91.6 ± 101.4 mN(N = 21, T = 0.306)、100.1 ± 70.4 mN(N = 21, T = 0.592)。

2. 侧向力

壁虎在天花板表面上运动时，为保持足够的稳定，产生了较大的侧向力，约为侧法向反力的 1.2 倍。前脚的侧向力(478.5 ± 123.5 mN, N = 20, T = 0.113) 略小于较后脚(504.3 ± 173.0, N = 20, T = 0.125)。这与壁虎的生理结构和运动时脚的摆放位置有关，运动中前脚间的间距要小于后脚间的间距。由于重力的作用，壁虎身体下坠，故所有的脚拉离身体中线方向，所以左脚向左产生侧向反力，同时右脚向右产生侧向反力。前脚和后脚的侧向力与速度存均无显著线性关系(前脚：ANOVA, R^2 = 0.051, F = 0.963, d.f. = 1,18, P = 0.339；后脚：ANOVA, R^2 = 0.051, F = 1.027, d.f. = 1,19, P = 0.324)(图 5.15(a))。

3. 驱动力

壁虎在天花板表面运动时，前腿的驱动力为正值，始终与运动方向一致；后腿为负值，始终与运动方向相反。表明壁虎运动过程中，前腿提供了整个运动中的加速力，后腿起到一个减速稳定的作用,这与壁虎在水平面运动相反。前腿的驱动力(737.4 ±197.6 mN,$N = 20$,$T = 0.063$)在数值上明显大于后腿的驱动力(−600.1 ±204.7 mN,$N = 21$,$T = 0.808$)约为法向力的1.5倍。前后脚的驱动力均与速度无显著线性关系(ANOVA,前脚$R^2 = 0.088$,$F = 1.731$,d.f. = 1,18,$P = 0.205$;后脚:$R^2 = 0.159$,$F = 3.585$,d.f. = 1,19,$P = 0.074$),稳定爬行时壁虎前进的加速力取决于前后脚驱动力的差值(图5.15(b))。

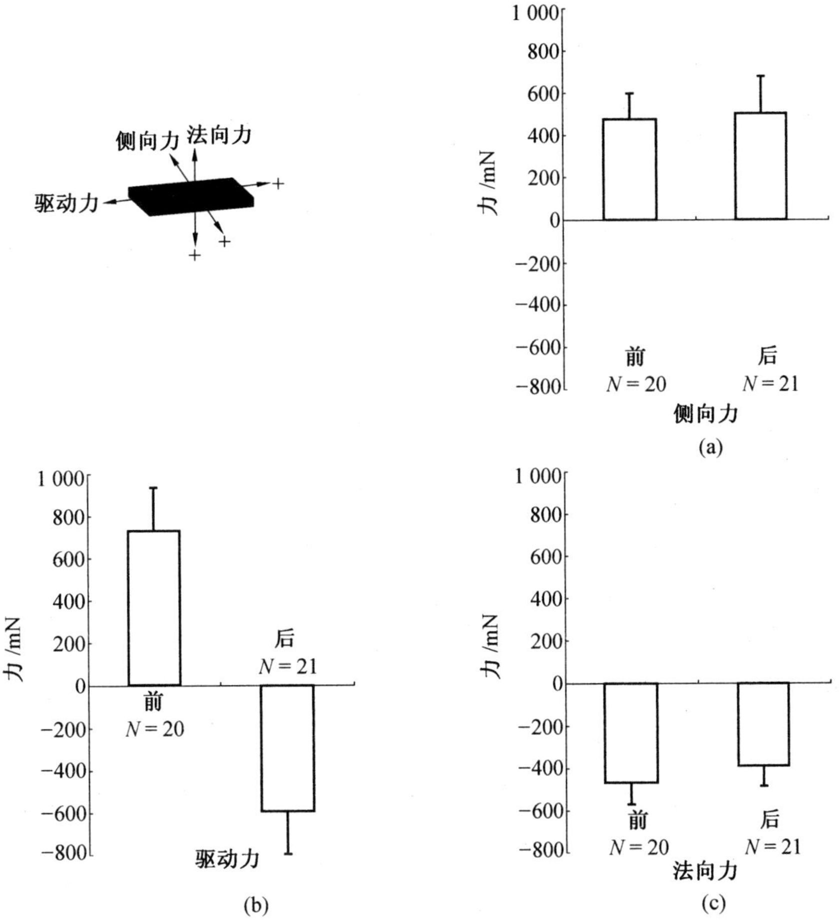

图5.15　壁虎在天花板表面单脚掌运动反力平均值

4. 法向力

壁虎在天花板表面运动过程中,法向力需要克服重力的阻碍作用,产生足够的黏附力,使壁虎不会与运动表面脱落,故四脚掌所受的法向力方向指向运动表面向内,克服重力的作用。两脚的法向力峰值出现于每步的中段,前脚驱动力占整个体重的73.4%(−470.2 ±113.3 mN,$N = 20$,$T = 0.122$),后脚驱动力占体重的60.6%(−388.1 ±93.8 mN,$N = 21$,$T = 0.549$),对角步态驱动的两脚提供的驱动力约为体重的1.2倍,提供了必要的黏附力并保证了整个运动的稳定性。前脚的法向力与速度存在显著线性关系(ANOVA,$R^2 = 0.285$,$F = 7.186$,d.f. = 1,18,$P = 0.015$),后脚与速度无显著的线性关系(ANOVA,$R^2 = 0.004$,$F = 0.074$,d.f. = 1,19,$P = 0.789$),其中,而后脚的驱动力随着速度的提高相应增加,推动壁虎向上运动,支撑的一对脚驱动力合力大于壁虎所受重力时(图 5.15(c))。

5. 驱动角

在初始冲击后,前脚的驱动角基本恒定,即平面内脚掌的受力方向基本不变。前脚的驱动角(29.17° ±14.65°,$N = 20$,$T = 0.595$)与速度无显著的线性关系(ANOVA,$R^2 = 0.021$,$F = 0.379$,d.f. = 1,18,$P = 0.546$)。由于后脚在运动中的随意性,后脚的驱动角波动相对较大(141.61° ±26.41°,$N = 21$,$T = 0.526$),与速度无线性关系(ANOVA,$R^2 = 0.011$,$F = 0.211$,d.f. = 1,19,$P = 0.652$)。

6. 支撑角

在稳定接触阶段,壁虎前脚的支撑角(−27.68° ±7.43°,$N = 20$,$T = 0.734$)和后脚的支撑角(−24.68° ±9.75°,$N = 21$,$T = 0.293$)基本恒定,其变化幅度都不大,其平均值均小于30°(脚掌刚毛的临界脱附角)。前后脚的支撑角与速度均无显著的线性关系(前脚:ANOVA,$R^2 = 0.401\ 8$,$F = 12.09$,d.f. = 1,18,$P = 0.003$;后脚:ANOVA,$R^2 = 0.011$,$F = 0.193$,d.f. = 1,18,$P = 0.666$)。

5.6 壁虎运动脚掌作用分析

由于壁虎的活性以及运动时体能的不断变化,使得其足端与接触面的接触状态存在一定的随机性,从而使壁虎与接触面间的作用力的测试值存在较大的离散性,定性地分析壁虎的运动反力规律,必须采用统计学的方法进行分析。通过大量的实验,获取壁虎在不同表面运动时的实验数据,发现左右两侧的步足对运动有着相同的贡献,运动反力没有显著性差异(t 均大于0.05)。所以统计分析时将力的测试值分为前脚和后脚来统计(于壁虎身体结构的对称性,在统计侧向力时,将左右脚掌产生的侧向力按指向身体中线为负,远离中线为正加以统计)。图5.16展示了壁虎前后脚掌所受运动反力方向,其统计值已经在第3章中详细列出,在此给出其统计值(表5.1)。

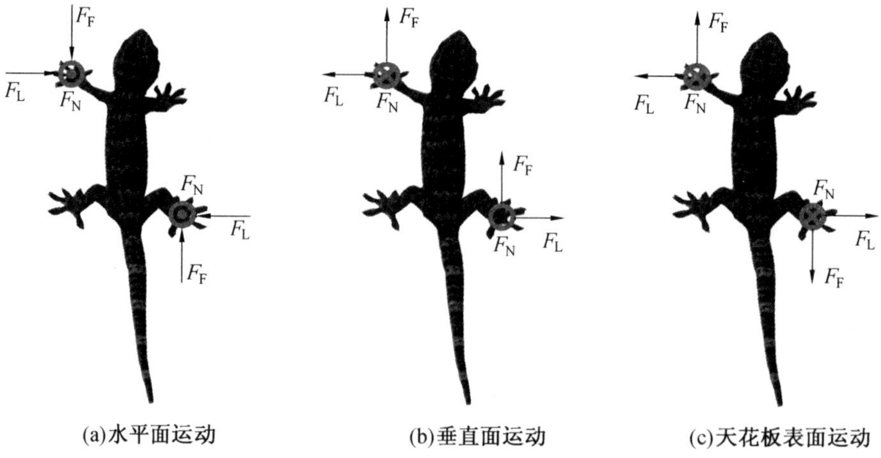

图 5.16 壁虎前后脚运动反力方向图

表 5.1　壁虎正/零/天花板表面运动反力

表面	脚掌	N_1	最大侧向力/mN	最大驱动力/mN	最大法向力/mN	驱动角 α /(°)	支撑角 β /(°)
水平面运动反力	L 1 R1	22	−34.6 ±31.0	−136.5 ±91.80	435.6 ±87.4		76.14 ±8.90
			99.2 ±42.7	69.2 ±41.4			
	L2 R2	24	−52.4 ±32.0	−108.7 ±72.3	324.9 ±91.7		71.35 ±13.54
			51.1 ±27.4	96.6 ±93.2			
垂直面运动反力	L1 R1	20	212.2 ±116.4	466.7 ±80.2	−149.1 ±55.6	22.21 ±14.10	−14.80 ±6.41
	L2 R2	20	209.2 ±134.7	455.1 ±135.4	−94.3 ±54.9	13.78 ±16.74	−1.53 ±10.85
					115.3 ±55.6		
天花板表面运动反力	L1 R1	20	478.5 ±123.5	737.4 ±197.6	−470.2 ±113.3	29.17 ±14.65	−27.68 ±7.43
	L2 R2	21	504.3 ±173.0	−600.1 ±204.7	−388.1 ±93.8	141.61 ±26.41	−24.68 ±9.75

壁虎在不同表面稳定快速的运动,首先要解决的是固有扰动力 —— 重力的平衡,如在天花板表面运动中,负法向反力(黏附力)对壁虎重力的平衡,使得壁虎能够在天花板表面静止;其次是自身运动姿态的保持,使其具有可运动的能力,如在水平面运动中,切向反力(侧向力与驱动力的合力)推起身体重心,维持了一个运动姿态;接着需要在运动方向存在推动力,以完成整个运动,如在天花板表面运动中,壁虎采用前后脚接触过程中驱动力的作用时间差,为运动提供动力;最后是如何稳定的运动,如壁虎在垂直面运动中,利用重力的作用,被动的降低运动速度,以保持运动的平稳。由此可见,壁虎稳定运动对其脚掌有以下的要求:

(1) 平衡重力;

(2) 维持运动姿态;

(3) 提供推进力;

(4) 保持运动平稳(缓冲)。

5.6.1　水平面运动脚掌的作用

1. 平衡重力

通常壁虎在水平面运动过程中,主要采用对角步态,也就意味着在运动过程中壁虎的支撑相为对侧的前后脚,其整个体重由这两点支撑。壁虎运动中其前后脚均产生很大的法向力,其前脚的法向力占体重的 68.0%,后脚只占体重的 50.7%。前后脚所占体重之和超过了体重,平衡了自身的体重。同时可以看出,前脚所占体重比例明显大于后脚,而且后脚所占比例接近理论计算值(50%),说明壁虎在保证自己体重得到支撑时,尽可能降低能量的支出,使得能耗尽量的小。前脚掌的多余部分可能用于平衡运动中壁虎的向前倾翻力。

2. 维持运动姿态

在维持运动姿态方面，前后脚都起了很重要的作用。在整个运动过程中所有脚的侧向力大部分时间指向于身体中线方向，使得身体向中线合拢；同时在运动方向，前脚受到向后的力，后脚受到向前的力，在运动方向上推起身体质心（图5.16(a)）。即对角的切向力指向质心方向（图5.17），保持质心在法向的位置，维持运动姿态。

3. 提供推进力

在整个运动的中后期，前后脚均产生正驱动力，为运动提供推进力，加速质心的向前运动。后脚正驱动力约为前脚正驱动力的1.5倍，前脚负驱动力约是正驱动力的2.0倍，而且后脚在整个运动周期中保持正驱动力的时间要大于前脚。说明在提供推动力方面，后脚要比前脚重要，前脚只是起到一个辅助推进的作用。Chen研究了壁虎（Hemidactylus garnotii）前脚在运动过程中的作用[128]，认为壁虎的前脚无辅助推进作用，与本书研究的大壁虎（Gekko gecko）前脚的作用有所不同。

4. 保持运动平稳

在水平面运动过程中，主要维持两个方面的平稳：

（1）运动方向上由于支撑相与摆动相的交替，使得质心速度变化所带来的冲击。前后脚前期的负驱动力很好地缓解了这一冲击。并且前脚负驱动力的值和作用时间均大于后脚，可见在缓冲方面前脚起了较大的作用。

（2）在运动过程中，由于质心在驱动方向的移动，使得身体具有向前倾翻的趋势，为了保持稳定，前脚的法向力产生了一个反向的力矩，平衡倾翻力矩，故壁虎前脚的法向力较大。故对于保持运动平稳方面，前脚的作用要重要于后脚，后脚起到辅助的作用。

5.6.2 垂直墙面运动脚掌的作用

1. 平衡重力

通常壁虎在垂直面运动过程中，主要采用对角步态，也就意味着在运动过程中壁虎的支撑相为对侧的前后脚，其整个体重由这两点支撑。壁虎运动中其前后脚均产生很大的正驱动力（图5.16(b)），其前脚的正驱动力占体重的72.8%，后脚占体重的71.0%。前后脚所占体重之和约是体重的1.4倍。前后脚所占体重比例相当，约是理论计算值（50%）的1.3倍，说明壁虎在保证自己体重得到平衡后，其运动所需的推动力很小，最大为身体体重的0.4倍。

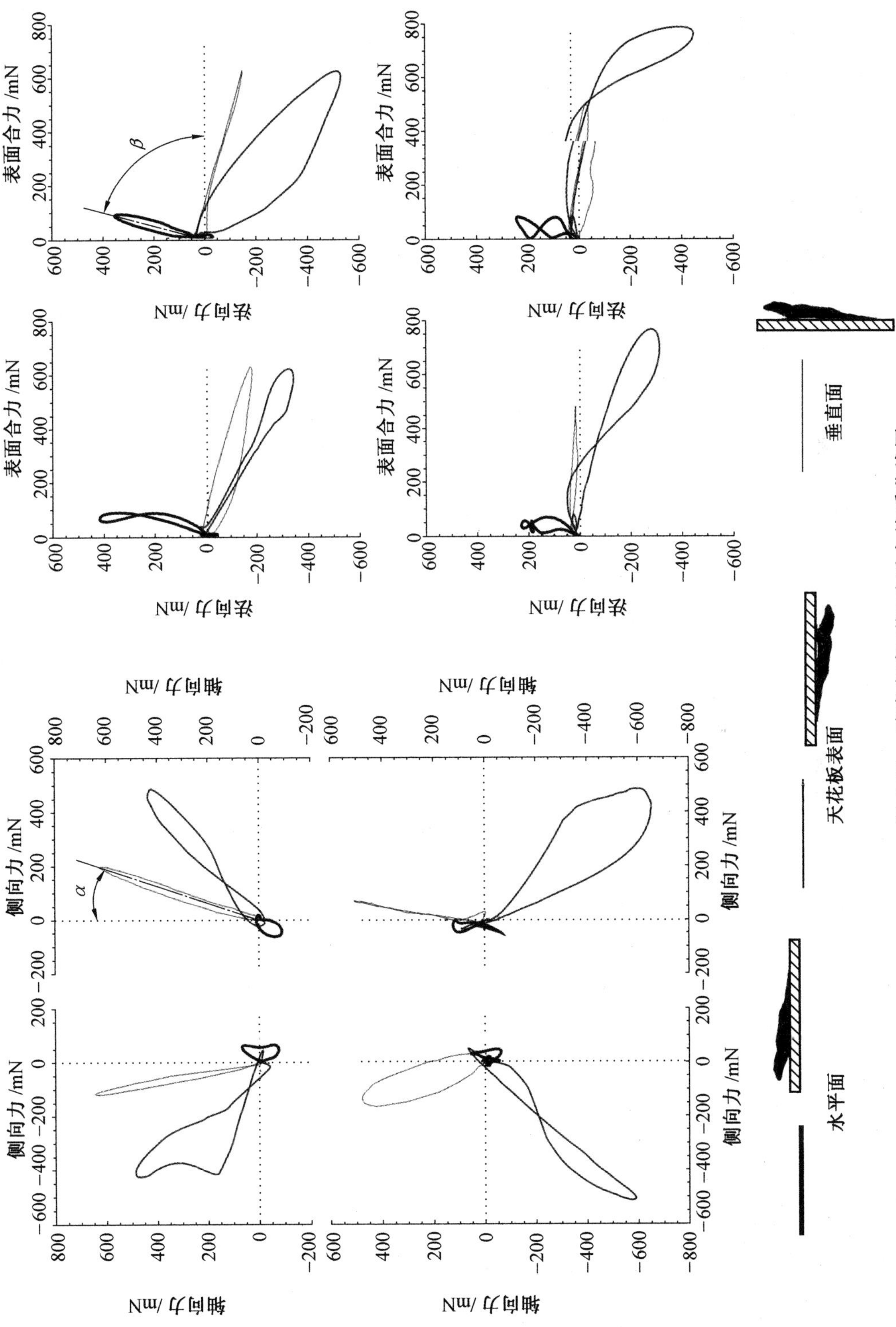

图 5.17　壁虎各表面运动反力关系曲线图

2. 维持运动姿态

在维持运动姿态方面，前后脚都起了很重要的作用。在整个运动过程中所有脚的侧向力大部分时间远离身体中线方向，使得身体向尽可能平展(图5.16(b))；同时在运动方向，前后脚均为正。即对角的切向力远离质心方向(图5.17)，减小质心与运动表面的距离，保持质心在法向的位置，维持运动姿态。

3. 提供推进力

在整个运动中，前后脚均产生正驱动力(图5.16(b)，图5.17)，为运动提供推进力，加速质心的向上运动。后脚正驱动力和前脚正驱动力大小相当，在平衡了重力后，为整个运动提供必要的加速力，其减速力由重力提供。

4. 保持运动平稳

在垂直面运动过程中，主要维持两个方面的平稳：(1) 运动方向上在支撑相与摆动相的交替时所带来的冲击。壁虎自身重力很好地缓解了这一冲击。前后脚产生的近似体重1.4倍的驱动力保证运动中两脚的驱动力和始终大于重力，减速力由体重产生，缓解运动中的冲击，可见在缓冲方面前后脚起到了相同的作用；(2) 在运动过程中，由于质心与墙面存在一定的距离，所以运动中壁虎会存在一个倾翻的力矩。后脚的法向力会随着运动改变方向，产生了平衡力矩，从而保持身体的稳定，因此壁虎后脚的法向力存在正负变化(图5.16(b)，图5.17)。故对于保持运动平稳方面，前后脚都起了很重要的作用。

5.6.3 天花板表面运动脚掌的作用

1. 平衡重力

壁虎在天花板运动过程中，主要采用三角步态，也就意味着在运动过程中壁虎的支撑相为三个脚掌，其整个体重由这三点产生的黏附力平衡。壁虎运动中其前后脚均产生很大的法向力(黏附力)，其前脚的法向力占体重的73.4%，后脚占体重的60.6%。支撑相所占体重之和至少为体重的194.6%，远远超出了自身的体重。后脚所占比例远大于理论计算平均值(33%)，并且前脚所占体重比例明显大于后脚，说明壁虎在天花板表面运动中，克服重力作用保证运动安全性是最重要的，其次才是对能耗的考虑。前脚掌的多余部分可能还是用于平衡运动中壁虎的翻转力矩。

2. 维持运动姿态

在维持运动姿态方面，前后脚都起了很重要的作用。在整个运动过程中所有脚由于重力作用拉向质心方向，故所有脚的侧向力远离于身体中线方向，同时在驱动方向，前后脚受到的驱动力方向相反，在运动方向拉直身体(图5.16(c))。即对角的切向力远离质心方向(图5.17)，拉起质心，使质心更加贴近运动表面，维持运动姿态。

3. 提供推进力

在运动整个运动的过程中，前脚始终产生正驱动力，为运动提供推进力，加速质心的向前运动；后脚始终产生负驱动力。前脚正驱动力约是后脚负驱动力的 1.3 倍，使得前脚的正驱动力在数值上大于后脚的负驱动力，保证了运动中整个身体有正驱动力的输出，为运动提供推进力。

4. 保持运动平稳

在天花板表面运动过程中，最主要的扰动是运动方向上由于支撑相与摆动相的交替，使得质心速度变化所带来的冲击。后脚产生的负驱动力很好地缓解了这一冲击。壁虎利用前后脚正负驱动力差值控制着整个运动的加速与减速，降低了单脚的作用，却提高了整个运动的安全性。故对于保持运动平稳方面，后脚起到了决定性的作用。

5.6.4　水平地面／垂直墙面／天花板表面运动脚掌作用对比

壁虎在水平地面、垂直墙面和天花板表面的运动时，不同表面上运动的壁虎对于相同的运动要求，采取了不同的方式将其合理的分配到了前后脚上（表 5.2）。

表 5.2　水平地面／垂直墙面／天花板表面壁虎前后脚的作用

运动要求	水平面	垂直面	天花板表面
平衡重力	前脚，后脚	前脚，后脚	前脚，后脚
维持姿态	前脚，后脚	前脚，后脚	前脚，后脚
推进运动	后脚	前脚，后脚	前脚
运动平稳	前脚，后脚（辅）	后脚，前脚（辅）	后脚

由以上分析以及前章统计数据可以看出，在运动中壁虎对前脚的主动控制要高于后脚。也就意味着后脚相对与前脚在控制上要次要一些，处于从属地位。在生理解剖上，壁虎脊髓有明显的颈膨大和腰间膨大，支配前脚的中枢神经束相对后脚的要粗大[70,72,129]。在平衡重力方面，在水平面、垂直面和天花板表面都是相同的，前后脚确保了对重力平衡的最小输出量，对重力的平衡均起很重要的作用。在三个不同运动表面壁虎通过前后脚的共同作用，维持了其运动姿态，前后脚同样起着重要的作用。出于对不同表面运动，安全性、能耗、可控性等方面的考虑，在推进运动和运动平稳方面，前后脚作用发生了很大的差异。

在水平面运动安全性最高，壁虎则主要从能耗和可控性等方面考虑运动，故壁虎采用前脚平衡缓冲，后脚加速推动的方式运动（壁虎的后脚相对于前脚粗壮有力），这样使得壁虎可以在最短时间内，用最少的能量达到期望的速度。而在天花板表面运动中，首先要确保自身的安全，其次才是运动的可行性。故壁虎的前后脚产生了很大的法向反力，来确保自身安全。采取前脚推进，后脚稳定平衡的方式，使得壁虎将运动中主动控制主要放于灵活的前脚上，相对较弱的后脚用于被动的稳定平衡，这样很大程度上提高了整个运动的安全性以及可控性，保证了其在天花板表面运动的可行性。

参 考 文 献

[1]戴振东,孙久荣.壁虎的运动及仿生研究进展[J].自然科学进展,2006,16(5):519-523.

[2]师汉民.论仿生制造[J].中国机械工程,1998,9(1):54-54.

[3]任露泉,佟金,李建桥,等.生物脱附与机械仿生——多学科交叉新技术领域[J].中国机械工程,1999,10(9):984-986.

[4]佟金,马云海,任露泉.天然生物材料及其摩擦学[J].摩擦学学报,2001,21(4):315-319.

[5]周本濂.复合材料的仿生研究[J].物理,1995,24(10):577-582.

[6]廖鹰翔,陈乃力.仿生学与包装设计[J].包装工程,1999,20(3):26-28.

[7]裴若娟,王艳芬.交通工程中的仿生结构[J].钢结构,2000,15(3):50-53.

[8]王庭尧.建筑仿生的应用[J].南方建筑,1995,4:43-45.

[9] HEWISH M. A bird in the hand-miniature and micro air vehicles challenge conventional thinking[J]. Jane's International Defense Review,1999,32 (11):22-28.

[10]FEARING R S,CHIANG K H, et al. Wing transmission for a micromechanical flying insect [C]//Proceedings of the 2000 IEEE International Conference on Robotics and Automation, San Francisco:IEEE 2000,1 509-1 516.

[11]ENDO G,TOGAWA K,HIROSE S. Study on self-contained and terrain adaptive active cord mechanism[C]//Proceedings of the 1999 IEEE International Conference on Intelligent Robots and Systems,Tokyo:IEEE 1999,111-117.

[12]YAMADA T,TANAKA K,YAMAKITA M. Winding and task control of snake like robot[C]// The Society of Instrument and Control Engineers Annual Conference,Fuku:2003,3 059-3 063.

[13]http://people. bath. ac. uk/en2tjm/hexapod. htm.

[14]http://robotics. jpl. nasa. gov/tasks/mre/homepage. html.

[15]http://polypedal. berkeley. edu /Bioinsp ire /Robotics. html.

[16]HALE E,SCHARA N,BURDICK J,et al. A minimally actuated hopping rover for exploration of celestial bodies [C]//Proceedings of the IEEE International Conference on Robotics and Automation,San Francisco:2000,420-427.

[17] REDINIOTIS O, LAGOUDAS D, et al. Development of a shape memory alloy actuated underwater biomimetic vehicle[J]. Journal of Smart Material and Structure,1999,99 (5): 673-683.

[18]IIJIMA D,YU W W,YOKOI H,et al. Obstacle avoidance learning for a multi-agent linked robot in the real world [C]//Proceedings of the 2001 IEEE International Conference on Robotics and Automation,New York:2001,523-528.

[19]喻俊志,陈尔奎,王硕,等.一种应用于多仿生鱼协作的图像并行处理方法[J].高技术通讯,2004,14 (1):75-78.

[20]http: // robosap iens. mit. edu /ariel. htm.

[21]HAYASHI I,IWATSUKI N,IWASHINA S. The running characteristics of a screw-principle

microbot in a small bent pipe [C]//Proceedings of the Sixth International Symposium onMicroMachine and Human Science, Nagoya: 1995, 225-228.

[22] 马建旭,李明东,包志军. 仿蚯蚓蠕动微机器人及控制系统[J]. 上海交通大学学报, 1999, 33 (7): 855-861.

[23] 吉爱红,戴振东,周来水. 仿生机器人的研究进展[J]. 机器人, 2005, 27(3): 284-288.

[24] 机器人技术软科学研究组. 我国机器人技术需求分析与研究重点探索[J]. 机器人技术与应用, 2001, 2: 1-5.

[25] RYU S W, PARK J J, RYEW S M, et al. Self-contained wall-climbing robot with closed link mechanism[C]//Proceedings of the 2001 IEEE/RSJ international conference on intelligent robots and systems, Hawaii, USA: Oct-29, 2001.

[26] NISHI A. Development of wall－climbing robots [J]. Journal of Computers and Electrical Engineering, 1996, 22(2): 123-149.

[27] BAHR B, LI Y, NAJAFI M. Design and suction cup analysis of a climbing robot[J]. Journal of Computers and Electrical Engineering, 1996, 22(3): 193-209.

[28] ZHANG Y, NISHI A. Low-pressure air motor for wall-climbing robot actuation [J]. Mechatronics, 2003, 13(4): 377-392.

[29] 王京. "超级间谍"机器苍蝇[J]. 机器人技术与应用, 2003(3): 20-22.

[30] 张永兴,杨新鹏. 新加坡研制出微型无人驾驶侦察机"扇尾鸽"[J]. 机器人技术与应用, 2003(5): 33-33.

[31] 郑元芳. 世界机器人发展现状和我国战略规划探讨[C]//服务机器人发展战略研讨会, 北京: 2005, 1-7.

[32] FULL R J, TU M S. Mechanics of a rapid running insect: two, four, and six-legged locomotion [J]. Journal of Experimental Biology, 1991, 156: 215-231.

[33] FULL R J, AUTUMN K, CHUNG J I, et al. Rapid negotiation of rough rough terrain by the death-head cockroach. American zoologist, 1998, 38(5): 81A.

[34] RODE N J. A simple biogically inspired walking robot[C]//27th Intl. Symp. On Industrial Robots, ISIR'96, 6-8 Oct. 1996, Milan, Italy.

[35] NELSON G M, QUINN R D. Posture control of a cockroach-like robot[C]//IEEE Intl. Conf. on Robotics and Automation 1998, Leuven, Belguim.

[36] GORB S N, PERESSADKO A, SPOLENAK R, et al. Biological hairy attachment devices as a protptype for artificial adhesive systems[C]//Proceedings of the First International Industrial Conference, Bionik: 2004, 237-242.

[37] http://www. newscientisttech. com/channel/tech/mg19025526. 500. html.

[38] SITTI M, FEARING R S. Nanomolding Based Fabrication of Synthetic Gecko Foot-Hairs. IEEE conference on Nanotechnology, 2002, Aug. 26-28, Washington DC.

[39] GEIM A K, DUBONOS S V, GRIGORIEVA I V, et al. Microfabricated adhesive mimicking gecko foot-hair[J]. Nature Materials, 2003, 2(7): 461-463.

[40]李鲁虹. 英国特种机器人的应用研究情况[J]. 机器人情报,1992,5:3-6.
[41]刘呈则,朱新坚. 自导向磁吸附爬壁机器人控制系统的实现[J]. 测控技术,2004,23(12):43-45.
[42]谈士力,万德钧,龚振邦. 真空气吸附壁面行走机器人动态路径规划[J]. 东南大学学报,26(5):89-94.
[43]王辉静. 仿壁虎微纳米阵列的粘附机理与控制方法研究[D]. 合肥:中国科学技术大学,2006.
[44]KUWANA Y,SHIMOYAMA I,et al. Steering control of a mobile robot using insect antennae[C]//Proceedings of the IEEE IROS'95 conference in Pittsburgh,1995.
[45]TALWAR S K,XU S,HAWLEY E S,et al. Rat navigation guided by remote control. Nature[J],2002,417:37-38.
[46]Wickelgren I. Tapping the Mind[J]. Science,2003,5 606(299):496-499.
[47]李科杰. 微型无人机系统的发展及其对测试技术的新挑战[J]. 仪表技术与传感器,2003(1):4-7.
[48]GUO C,DAI Z,JI A,et al. The modulation and control of the gecko's foot movement[J]. Journal of Bionics Engineering,2005,2(3):151-156.
[49]孙久荣,郭策,程红,等. 蜣螂与壁虎刚毛的比较及改性对其功能的影响[J]. 动物学报,2005,51(4):761-767.
[50]DICKINSON M H,FARLEY C T,FULL R J,et al. How animals move: An integrative view[J]. Science,2000,288:100-106.
[51]BARTSCH M S. Micromachined transducers for insect ground reaction force measurement[M]. California:Stanford University,2003.
[52]DAI Z,GORB S N,SCHWARZ U. Roughness-dependent friction force of the tarsal claw system in the beetle Pachnoda marginata (Coleoptera, Scarabaeidae)[J]. Journal of Experimental Biology. 2002,205:2 479-2 488.
[53]SPOLENAK R,GORB S,GAO H,et al. Effects of contact shape on the scaling of biological attachments[J]. Proceedings of the Royal Society A,2005,461:305-309.
[54]JIAO Y K,GORB S,SCHERGE M. Adhesion measured on the attachment pads of tettigonia viridissima (Orthoptera,Insecta)[J]. The Journal of Experimental Biology,2000,203:1 887-1 895.
[55]ARZT E,GORB S,SPOLENAK R. From micro to nano contacts in biological attachment devices[J]. PNAS,2003,100:10 603-10 606.
[56]GAO H,YAO H. Shape Insensitive optimal adhesion of nanoscale fibrillar structures[J]. PNAS,2004,101:7 851-7 856.
[57]PERESSADKO A G,GORB S N. Surface profile and friction force generated by insect[C]//Proceedings of the First International Industrial Conference,Bionik:2004,257-263.
[58]戴振东,佟金,任露泉. 仿生摩擦学研究及发展[J]. 科学通报. 2006,51(20):2 353-2 359.

[59] AUTUMN K, PEATTIE A. Mechanisms of adhesion in geckos[J]. Integrative comparative biology,2002,42:1 081 -1 090.

[60] AUTUMN K, LIANG Y A, HSIEH S T, et al. Adhesive force of a single gecko foot-hair[J]. Nature,2000,405(6):681-685.

[61] LIANG Y A, AUTUMN K, HSIEH S T, et al. Adhesion force measurements on single gecko Setae[C]. Solid-state Sensor and Actuator Workshop, South Carolina, USA: Hilton Head Island,2000:33-38.

[62] AUTUMN K, SITTI M, LIANG Y C, et al. Evidence for van der Waals adhesion in gecko setae[J]. PNAS,2002,99(19):12 252-12 256.

[63] HUBER G, MANTZ H, SPOLENAK R, et al. Evidence for capillarity contributions to gecko adhesion from single spatula nanomechanical measurements[J]. PNAS, 2005, 102(45): 16 293-16 296.

[64] 中国野生动物保护协会. 中国爬行动物图鉴[M]. 郑州:河南科学技术出版社,2002.

[65] 张宏波,莫志贤. 壁虎的药理作用与临床应用研究进展[J]. 中医药导报,2010,16(2):76-78.

[66] 刘菲,王建刚,席守民,等. 中药壁虎抗肿瘤作用的实验研究[J]. 中华医药杂志,2008,19(4):957-959.

[67] 杜世章,陈立侨,刘定震. 中国壁虎属 Gekko 动物系统学研究进展[J]. 四川动物,2002,21(3):200-204.

[68] ZAAF A, VAN D R. Limb proportions in climbing and ground-dwelling geckos (Lepidosauria, Gekkonidae): a hylogenetically informed analysis[J]. Zoo morphology,2000,121: 45-53.

[69] 陈振昆,丁光. 大壁虎腮节肌的解剖[J]. 动物学杂志,1993,28(3):12-14.

[70] 丁光,陈振昆. 大壁虎(Gekko gecko)附肢肌[J]. 云南农业大学学报,1995,(1):12-17.

[71] 张金秋,郑辑. 多壁虎和纵斑蜥虎骨骼系统的解剖与比较[J]. 福建师范大学学报,1993,10(2):67-74.

[72] 刘晓燕,戴振东,曾小龙,等. 大壁虎附肢的定量研究[J]. 解剖学研究,2005,27(4):293-301.

[73] 罗默 A S,帕尔森 T S. 脊椎动物身体[M]. 北京:科学出版社,1985.

[74] 高远,程君实. 生物的信息与控制[M]. 北京:海洋出版社,1988.

[75] ZAAF A, HERREL A. Morphology and morphometrics of the appendicular musculature in geckoes with different locomotor habits(Lepidosauria)[J]. Zoo morphology, 1999, 119:9-22.

[76] ALIBARDI L, TONI M. Immunological Characterization and Fine Localization of a Lizard Beta-Keratin[J]. Journal of Experimental Zoology (Mol Dev Evol),2006,306B:528-538.

[77] HALLAHAN D L, KEIPER-HRYNKO N M, SHANG T Q. Analysis of gene expression in gecko digital adhesive pads indicates significant production of cysteine- and glycine-rich beta-keratins[J]. Journal of Experimental Zoology (Mol Dev Evol),2009,312(1):58-73.

[78]欧阳兴,陈恳,徐凯,等.弹性变形对仿人机器人步态规划的影响分析[J].机床与液压,2003,5:19-21.

[79]钱晋武,龚振邦,张启先.多足爬壁机器人步态规划和运动仿真[J].高技术通讯,1996,18-21.

[80]陈东辉,佟金,李重焕,等.人和动物的步态与步行机器人[J].吉林大学学报(工学版),2003,33(4):121-125.

[81] DAMME R V, PETER AERTS, BIEKE VANHOOYDONCK. Variation in morphology gait characteristics and speed of locomotion in two populations of lizards[J]. Biological Journal of the Linnean Society,1998,63:409-427.

[82]DAMME R V,PETER AERTS,BIEKE VANHOOYDONCK. No trade-off between sprinting and climbing in two populations of the Lizard Podarcis hispanica[J]. Biological Journal of the Linnean Society,1997,60: 493-503.

[83]ZAAF A,DAMME R V,HERREL A, et al. Spatio-temporal gait characteristics of level and vertical locomotion in a ground-dwelling and a climbing gecko[J]. The Journal of Experimental Biology,2001,204:1 233-1 246.

[84] WILLIAM R. TAYLOR, RAINALD M. EHRIG1, et al. Tibio-femoral joint contact forces in sheep[J]. Journal of Biomechanics,2005,1-7.

[85] VILENSKY J A, COOK J A. Do quadrupeds require a change in trunk posture to walk backward[J]. Journal of Biomechanics,2000,33:911-916.

[86]宋一然 ,颜国正 ,徐小云.微型六足仿生机器人的研究[J].华东交通大学学报,2005,22(2):127-131.

[87] FRANZ T M, DEMES BRIGITTE, CARLSON K J. Gait mechanics of lemurid primates on terrestrial and arboreal substrates[J]. Journal of Human Evolution,2005,48:199-217.

[88]程建,王东泉,施鹏飞,等.基于图像技术的三维步态运动测量[J].上海交通大学学报,1998,32(4):59-64.

[89]吕恬生,王翔宇.蛇的爬行运动实验和运动中蛇体曲线的动态模拟[J].上海交通大学学报,1998,32(1):131-135.

[90]何冬青,马培荪,曹曦,等.四足机器人对角小跑起步姿态对稳定步行的影响[J].机器人,2004,26(6):529-537.

[91]RUSSELL A P,BELS V. Biomechanics and kinematics of limb-based locomotion in lizards[J]. Comparative Biochemistry and Physiology Part A, 2001,131:89-112.

[92]PACK D J. Sensor-based planning and control for a quadruped walking robot[D]. American, Purdue University,1995.

[93]陈佳品,程君实,冯萍,等.四足机器人对角小跑步态的研究[J].上海交通大学学报,1997,31(6):18-23.

[94]ABOURACHID A. A new way of analysing symmetrical and asymmetrical gaits in quadrupeds [J]. Comptes Rendus Biologies,2003,326:625-630.

[95]方亚彬,陈秉聪,江村超,等. 四足机器人溜蹄步态动步行的研究[J]. 机器人, 1995, 17(1):48-51.

[96]徐铁群,万隆君. 四足步行机器人稳定性步态分析[J]. 制造业自动化,2001,23(8):5-21.

[97]冯巍,杨洋. 慧鱼六足仿生机器人步态研究与实现[J]. 机械设计与研究,2005,21(3):35-37.

[98]http://www. appliedbiosystems. com. cn/services/20051115. htm.

[99]http://www. instrument. com. cn/news/2005/009235. shtml.

[100]CHAM R, REDFERN M S. Changes in gait when anticipating slippery floors[J]. Gait and Posture. 2002,15:159-171.

[101]GRAVANTE G, RUSSO G, POMARA F, et al. Comparison of ground reaction forces between obese and control young adults during quiet standing on a baropodometric platform[J]. Clinical Biomechanics,2003,18:780-782.

[102]CHRISTINA K A, WHITE S C, GILCHRIST L A. Effect of localized muscle fatigue on vertical ground reaction forces and ankle joint motion during running[J]. Human Movement Science, 2001,20:57-276.

[103]HUNT A E, SMITH R M, TORODE M, et al. Inter-segment foot motion and ground reaction forces over the stance phase of walking[J]. Clinical Biomechanics,2001,16:592-600.

[104] TAYLOR A J, MENZ H B, KEENAN A M. Effects of experimentally induced plantar insensitivity on forces and pressures under the foot during normal walking[J]. Gait and Posture,2004,20:232-237.

[105]LEE Y H, HONG W H. Effects of shoe inserts and heel height on foot pressure. impact force and perceived comfort during walking[J]. Applied Ergonomics,2005,36:355-362.

[106]GE W, HITT J. Ground contact characteristics of Tai Chi gait[J]. Gait & Posture, 2005,22: 32-39.

[107]LIDDLE D, ROME K, TRACEY H. Vertical ground reaction forces in patients with unilateral plantar heel pain-a pilot study[J]. Gait and Posture,2000,11:62-66.

[108]张国华,张如一,王克鹏,等. 双杠三维测力系统的研制和应用[J]. 实验力学,1995,10(1):11-16.

[109]陆葵,杨庆铭. 三维测力台在股骨头坏死患者步态分析中的应用[J]. 上海第二医科大学学报,1996,16(6):445-447.

[110]CHAO L P, YIN C Y. The six-component force sensor for measuring the loading of the feet of in locomotion[J]. Materials and design,1999,20:237-244.

[111]HARRIS J, GHIRADELLA H. The forces exerted on the substrate by walking and stationary crickets[J]. Journal of Experimental Biology,1980,85:263-279.

[112]HEGLUND N C. A simple design for a force-plate to measure ground reaction forces[J]. Journal of Experimental Biology,1981,93:333-338.

[113]FULL R J, TU M S. Mechanics of six-legged runners[J]. Journal of Experimental Biology,

1990,148:129-146.

[114] FULL R J, BLICKHAN R, TING L H. Leg Design in Hexapedal Runners[J]. Journal of Experimental Biology,1991,158:369-390.

[115] AUTUMN K, HSIEH S T, DUDEK D M. Dynamics of geckos running vertically[J]. Journal of Experimental Biology,2006,209:260-272.

[116] CHUI B W, KENNY T W, MAMIN H J, et al. Independent detection of vertical and lateral forces with a side wall-implanted dual-axis piezoresistive cantilever[J]. Applied Physics Letter,1998,72(11):1 388-1 390.

[117] FULL R J, KUBOW T, SCHMITT J, et al. Quantifying Dynamic Stability and Maneuverability in Legged Locomotion[J]. Integrative and Comparative Biology,2002,42(2):149-157.

[118] FULL R J, YAMAUCHIA D L, JINDRICH D L. Maximum Single Leg Force Production: Cockroaches Righting on Photoelastic Gelatin[J]. Journal of Experimental Biology, 1995, 198:2441-2452.

[119] BARTSCH M S. Micromachined Transducers for Insect Ground Reaction Force Measurement [D]. California: Stanford University,2003.

[120] BARTSCH M S, FEDERLEB W, FULL R J, et al. Small Insect Measurements Using a Custom MEMS Force Sensor[C]. The 12th International Conference on Solid Slate Sensors, Actuators and Microsystems, Boston:2003,1 039-1 042.

[121] IRSCHICK D J, AUSTIN C C, PETREN K, et al. A Comparative Analysis of Clinging Ability among Pad-bearing Lizards[J]. Biological Journal of the Linnean Society,1996,59(1):21-35.

[122] FRY S, BEYLER F, GRAETZEL C, et al. Fruit Fly Flight Behavior Characterization Using MEMS Force Sensors[EB/OL]. http://www.iris.ethz.ch/research/fly.php.

[123] GORB S N. Attachment of insects[C]. The 4th Shanghai Roundtable, Nature as Engineer and Teacher: Learning for technology from biological systems, Oct. 8-11,2003.

[124] 张为公. 一种六维力传感器的新型布片和解耦方法[J]. 南京航空航天大学学报,1999, 31(2):219-222.

[125] 杨磊,高晓辉,姜力,等. 微型五维指尖力/力矩传感器动态实验建模[J]. 高技术通讯, 2004,3:79-82.

[126] 杨乐平,李海涛,赵勇,等. LabVIEW 高级程序设计[M]. 北京:清华大学出版社,2002.

[127] KRISTIAAN D A, PETER A, DIRK D C, et al. Segment and joint angles of hind limb during bipedal and quadrupedal walking of the Bonobo (Pan paniscus) [J]. American Journal of Physical Anthropology, 2002, 119: 37-51.

[128] CHEN J J, PEATTIE A M, AUTUMN K, et al. Differential leg function in a sprawled-posture quadrupedal trotter[J]. Journal of Experimental Biology, 2006, 209:249-259.

[129] 蔡雷,崔希云,艾洪宾. 中华大蟾蜍脊髓灰质神经元构筑和脊神经的研究[J]. 山东师范大学学报(自然科学版),2007,22(3):104-106.